CRUCIAL WORDS

CONDITIONS FOR CONTEMPORARY ARCHITECTURE

（瑞典）伊尔特・文果尔德　编
Gert Wingårdh

（瑞典）拉斯姆斯・瓦尔恩
Rasmus Wærn

荆晶　译

当代建筑关键词

上海　同济大学出版社
SHANGHAI TONGJI UNIVERSITY PRESS

图书在版编目（CIP）数据

当代建筑关键词 /（瑞典）伊尔特·文果尔德，（瑞典）拉斯姆斯·瓦尔恩编；荆晶译．-- 上海：同济大学出版社，2022.1

（倒影）

书名原文：Crucial words: Conditions for contemporary architecture

ISBN 978-7-5608-7805-8

Ⅰ．①当… Ⅱ．①伊… ②拉… ③荆… Ⅲ．①建筑学 – 文集 Ⅳ．① TU-53

中国版本图书馆 CIP 数据核字 (2018) 第 071282 号

当代建筑关键词

（瑞典）伊尔特·文果尔德　拉斯姆斯·瓦尔恩 **编**　荆晶 **译**

策划编辑 江　岱　**责任编辑** 罗　璇　**责任校对** 徐春莲

出版发行：同济大学出版社
地　　址：上海市杨浦区四平路1239号
电　　话：021-65985622
邮政编码：200092
网　　址：http://www.tongjipress.com.cn
经　　销：全国各地新华书店
印　　刷：上海安枫印务有限公司
开　　本：890 mm×1240 mm　1/32
印　　张：5.5
字　　数：148 000
版　　次：2022年1月第1版　2022年1月第1次印刷
书　　号：ISBN 978-7-5608-7805-8
定　　价：49.00元

中文版序

一本超越学科界限的当代建筑指南

李翔宁

两年前，荆晶送给我一本英文版的 *Crucial Words*，并征求我的意见是否有翻译成中文版的价值。翻开这本素色封面的文集，首先吸引我的是，该书用关键词串联起理解当代建筑思潮的若干重要概念。我正在给来自全球的国际学生开设一门“当代中国建筑”的课程，尝试用关键词的线索引导他们进入和把握当代中国建筑错综复杂的语境。因此，这很自然地引发了我深入阅读的兴趣；另一个让我兴奋的原因是，为本书撰写关键词条目的作者阵容可谓群星璀璨：有建筑理论和批评界大名鼎鼎的行家，如维多里奥・马尼亚戈・兰普尼亚尼（Vittorio Magnago Lampugnani）、约瑟夫・里克沃特（Joseph Rykwert）、彼得・布伦德尔・琼斯（Peter Blundell Jones）、法国《今日建筑》杂志前主编艾克赛尔・苏瓦（Axel Sowa）、荷兰《A10》建筑杂志主编汉斯・伊贝林斯（Hans Ibelings），有同时从事写作和建筑实践的学者型建筑师丹尼丝・斯科特・布朗（Denise Scott Brown）、尤哈尼・帕拉斯马（Juhani Pallasmaa），有策展人兼博物馆馆长汉斯・乌尔里希・奥布里斯特（小汉斯，Hans Ulrich Obrist）、德国建筑博物馆前馆长王惠平（Wilfried Wang），还有众多的建筑学者、摄影师、艺术家，更有建筑学专业出身的诺贝尔文学奖获得者奥尔罕・帕慕克（Orhan Pamuk）。

我当然非常赞同荆晶将它翻译成中文版的意向，并很乐意向中方出版社推荐这本书。荆晶以极大的勇气和毅力，完成了本书的翻译工作。这期间她为博士论文的选题和研究奔波于欧洲和中国之间，并与我多次交流她不断增进的对中西方城市、建筑与文化的观察和理解。*Crucial Words* 中文版的出版，是她给中国建筑专业读者，以及所有关心当代建筑文化进程、关心建成环境乃至人类生存和文化境遇的读者的一份礼物。

我想本书的特殊价值在于三个方面：

一是议题的选择。主编敏锐地捕捉了当代建筑文化中最重要和最复杂的议题，关键词目录的组织反映了主编对于当代建筑文化走向的独特观察和建构。选题涵盖了当代建筑文化的生产系统（如“建筑师”“概念”“竞赛”“公司”“全球化”等）、核心议题（如“现代性”“传统”“自然”“技术”“生态”“形式主义”“人文主义”）、哲学投射（如“身体”“欲望”“记忆”“缝隙”等）和未来命运（如“转变”“未来”“欧洲”“为什么”等），为我们打开了进入当代建筑文化领域的一扇扇门，循着它们的指引，我们可以展开深入全面的研究和思考。

二是写作的方式。本书的每一位作者都可以说是穷毕生所学，贡献一篇几百字到千把字篇幅、深入浅出的文字，用自己的综合理解和独特的价值判断，为我们展开一场庞杂概念系统的探索之旅。今天我们身边汗牛充栋的学术著作，多的是旁征博引，洋洋洒洒，动辄数万字乃至数十万字，少的是厚积薄发，精炼而有穿透力的文字。

三是超越的潜能。这是一本讨论建筑文化的书，文集讨论的议题非常集中，背景知识和语境却超越了单纯的建筑知识，拓展到整个人文领域的共同思考。尤其是结尾奥尔罕·帕慕克的短文《为什么》，更是为本书表明了批判性反思和开放式的立场，让我们可以跳出建筑学学科知识的狭隘领域，在更大的范畴中探讨人的境遇。

当然，如果说有什么让人感到意犹未尽或遗憾之处，那就是本书的西方中心的视角，虽然在小汉斯的文章中已经鲜明地点出了当代文化和艺术中这一现象并看到向东方语境开放的努力，但本书还是以西方，甚至欧洲经验为基础的。不过我们依然可以从中得到所需的养料反思我们自身的问题。

让我们一起打开这本超越学科界限的当代建筑指南，踏上重新思考我们建成环境诸多议题的再发现之旅吧。

前 言

伊尔特・文果尔德（Gert Wingårdh）
拉斯姆斯・瓦尔恩（Rasmus Wærn）

文字，之所以在今日愈为重要，至少有三个理由：一来，在多学科文化语境中的规划与设计过程，所涉及参与的人员越来越多样；二来，因特网的影响力日益降低传统出版的传播力，建筑师和规划师乃至普通人都无法充分理解它的后果；三来，作为对前面所说问题的反应，文字能力成为了一种职业技能。尤其对于地产开发商来说，某个解决方案的成功论调，可以比这个解决方案本身更为重要。

这本文集里的文字，对于理解当代建筑十分关键。它本来是作为文果尔德建筑事务所的建筑展览的一部分[1]。展览所体现的是这些文字所涉及的不同方面，它们正是每一位建筑师在日常工作中都会触及但不容易准确把握的一些方面。

文字多于图片，是这本书收集作品的主要特点。文字对建筑的起源有着决定性的影响。为了理解建筑的先决条件，必须先引入一些重要的概念以供审视。作为编者，我们对这本书的抱负，是希望它能作为一本参考书，给读者提供一些普适和永久有效的清晰答案。书中作者们对关键词的反思是主观的和临时性的。为了“照亮”这些重要概念，我们找到对这些概念有绝对权威洞察力的作者，来一同解析。这些文字和作者的混排所反映出的现象和方式，对我们理解自己的建筑创作也十分有意义。

体验、自然和身体，这三个视角在多篇文章中时常出现，同时也反映在我

1　本书英文版出版于 2008 年，除《欧洲》《未来》两篇分别于 2015 年由作者作了更新外，中文版全部依据英文版译出，包括每篇文章前的作者身份及书后的作者介绍。中文版未对作者介绍进行更新，仅对已过世的作者括注了生卒年。——中文版编者注

们所挑选的图片中[1]。为了挑起文字和图片之间的冲突，我们避免选择纯粹的表现图。有一些图片并不是出现在其相邻的文字中，而是出现在其他语境中，比如密斯·凡·德·罗（Mies van der Rohe）的照片（第 14 页），以及一张从 SOM 的利华大厦（Lever House）拍摄的西格拉姆大厦（Seagram Building）的夜景照片（第 50 页）。卡特琳娜·加布里埃尔松（Catharina Gabrielsson）的文章《人文主义》的配图——阿道夫·维塞尔（Adolf Wissel）的画作《卡尔滕贝格的一个农民家庭》（*A Kaltenberger farmer's family*，第 90 页），是德国纳粹所喜爱的艺术作品，是阿道夫·希特勒（Adolf Hitler）的个人最爱。第四种视角是关于规划条件的，这可以被视为实践者的反馈。比起场所精神（*genius loci*），当下建筑的政治和商业条件，常常是更为重要的先决条件。

那些描述当下建筑短板的文字，如《气氛》、《记忆》和《欲望》，其实提出了某种契机。其他的文字，如《城市品牌》、《全球化》和《轮椅》，旨在关注新条件下建筑必须做出的应对。许多作者都得出同样的结论，即美好的新事物，就好像一只美丽而生命短暂的蝴蝶。当它消逝时，它唯一的本质就是在它盛行时期内的不断重现（或被重现）。

如何拓宽建筑边界而提升建筑品质，是很多文章的潜在主题。在《景观》一文中，引用了勒·柯布西耶（Le Corbusier）“想从各个方向都能看到世外桃源（Arcadia）”的典故。而在如今的世界，那样的渴望似乎太遥不可及，也不太必要。场所和城市中的通达功能障碍，不一定一直被视为缺陷，它也可以是一种资产。并非一切事物都能被秩序化和审美化。当边缘化的环境被处理得当时，那些所谓的缺点会呈现为强烈的机遇。

还有许多文字创作的主题，是关于建筑作为建造的体验。空间的分割，可能不易改变，而且有时也没有改变的必要。但是，时间的分裂，是可以用不同

1 由于版权问题，中文版第 18，66，106，108，120，126，130，148，156 页图片与英文版不同。——中文版编者注

的方式去抵消的。如建筑师尤哈尼·帕拉斯马（Juhani Pallasmaa）所写，缓慢和记忆之间存在某种品质。当被动地创作那些与过往历史毫无关系的建筑时，奥尔罕·帕慕克（Orhan Pamuk）感到绝望至极，因此陡然地扼杀了自己作为建筑师的初期职业生涯。他花了很长时间才认识到画图也可以包含与历史的鲜活关系。现在看来，如果他一早就获得了那种体验，这世界可能会失去一位伟大的作家，而收获一名优秀的建筑师。

在《转变》一文中，我们读到，历史上大的变革其实很少是蓄意谋划的革命性巨变。转变，可能更是一种提问，而不是某种宣判。与那些性急拆毁原建筑场所的人相比，那些有耐心去重塑场所的人，最终等到了喜悦的收获。书中有很多文章都在强调未来和历史之间的亲密关系。体验是现代建筑的基础。包括书中最具前瞻性的文章——汉斯·乌尔里希·奥布里斯特（小汉斯，Hans Ulrich Obrist）的《未来》一文，也不得不在开篇先后退几步，再外推未来的趋势。

自然，是一切描述文化的“创造”中，最强大的概念。它好像一把撑开的雨伞，从各种层面，涵盖了景观、有机、身体、欲望、装饰、缝隙等主题。生态，也是这样，它投射着建筑的信仰。在一种毫无约束的公式化环境意识的尝试中，“有机”一词被用作一个象征词语，意味着从生物体到理性组织的一切事物，而淡化了这个词附属的“品质”的含义。

建筑存在的根本理由是保护身体。因此，重人而轻建筑，体现的是一种立场。以人们的身体和精神需求，作为当下建筑的前提条件。这样的观念是几篇文章的焦点。身体，是我们社会交往的代表，也是比例和理想的表现。建筑和人一样，它们与其周围环境的实际交流，是通过其“开口”实现的，而不是它们的“身体”本身。缝隙这个词本身，被用来描述事物的中心。它作为一种空隙，越狭窄，越证明其存在。另外，性别，是无法回避的，而且绝对是最重要的视角之一。本来，它可以独立成为一个关键词，但现在文集中有许多文章都谈及了这个议题。比如，至少在《装饰》一文中，谈到了性别视角从情欲、神圣到迷失之美的转变。

此文集中的文字，是21世纪早期的建筑状态写照，然而仍有很多“关键词”

没有收录进来，不仅仅是“性别”一词。诸如“项目要求”“议程”“参与”“兴趣”“效益”等关键词都牵涉到矛盾和矛盾生成的问题。目前这本文集，主要聚焦于体验和创作的方式，而不涉及设计和建造中的复杂议题。

短文《轮椅》涉及“可达性”，这不仅是瑞典建筑对话的重要使命，也因其对建筑的移动需求和通达性的考虑，给建筑设计带来永久性的转变。在全球化的均衡发展语境中，这种改变和不同，会带来新的建筑区域特质，比如说战后的住房建设，赋予了北欧建筑特有的身份特征。

反思型的实践者，一般都会边阅读边写作。建筑，不论是为我还是为他，都需要不断的诠释。西方世界消费社会的条件，有着惊人的相似性。如卡斯滕·陶（Carsten Thau）所写，“必须保持‘吸引力’，但不一定要是庄严华丽的”。相应地，瑞典建筑实践的状态，也可以从美国或意大利的视角去描述。对我们所有人而言，关键是能否在大众文化中找到自己。这种文化中，参考和理念是至关重要的概念。过去，这些重要的概念是从时间相隔而空间相近的资源中派生出来；如今，它们则具有从空间相隔而时间相近的资源中派生而来的趋势。这是国际化图像文化的逻辑性效应。然而，建筑并不需要限制其本身，只创造人们期待的东西。本文集在从工作日到节日的语境中，提出了一些可选方案。

由于我们对文字的应用不断在变化，因此文集中的这些定义都具备临时性的属性，而且其他的定义当然也是存在的。最后一篇文章的提问——“为什么”，是一个最为开放性的议题。它可以涉及生活的选择，比如奥尔罕·帕慕克的选择。他选择了抛弃变化的过程，而青睐于历史。然而，这样的选择，也必然会出现在一个当代建筑师的生活中。那么，我们究竟为什么会创造建筑？答案是，建筑旨在创造对人们有意义的场所和空间，这亦是建筑的本质。建筑内在的品质，不能仅仅满足于成为我们生活的框架。建筑不应以奇特而不凡，而应尽可能地创造让人舒适的环境，让人愉悦和骄傲。要创造这样的环境，建筑师需要对到底什么对人类而言最为重要，理解得非常到位。这便是这本文集中的议题尤为关键的原因。

目录 / 索引

Architects 建筑师

马西米立亚诺 · 福克萨斯（Massimiliano Fuksas）
意大利 / 法国 / 德国，建筑师
艾丽萨 · 福克萨斯（Elisa Fuksas）
意大利，建筑师 / 电影人

首先我要说，我从来不喜欢为别人工作。我总抱着这么一种印象，即年轻意味着某种程度的傲慢，并且应该总在“路上”，老是“没时间”。未满三十岁的人时刻感到有事必须“马上去做”，没有借口去“等待”，尽管这与“年轻”的表象看似相矛盾。人生大戏没有“等待”，建筑当是如此。

我与我的合作伙伴有种爱恨交织的关系。他们既令我尊敬，也让我烦扰。那种感觉，好比你对一件事物充满了激情，等到你获得了它，又随即全然忘之。就个人而言，我对这种关系和感觉，既爱又恨。绝对的平衡和公平，是无法实现的。我期待我的合作伙伴们可以理解我的思想，不要质疑，更不要臆度。当然，即便是那样，我从根本上是不会在意的。我不会允许工作中的每一天，都是在挣扎和没完没了的纠结中度过。我们的时间很有限，一刻也无法停下，哪怕是瞬间。这个道理，就好比上了发条的机械是无法停止的。不论你是谁，只要你已经开始在跑步机上跑着，就无法停下。每天与我共事的人、那些最亲近的同事，认为我是个不易相处的人。事实上，我对他们的期待只有一件事——智慧。我不能容忍没有目的而煞费苦心的愚蠢举止，我也无法接受选拔赛、暂时的解决方案和目光短浅的设计行为。那些打印出来的图纸，只是自我慰藉的表现形式。因为一些圈内人，需要一些圈外人给予他们工作的认同。比如“这张图真棒”“这个项目真好”“这个解决方案真有效”，又或者是相反的评价。我想说，这些都不是建筑。做建筑，不是为了修得自我圆满，而是为了追逐激情。万物万象，生在脑海中，活在眼睛里。而不是存在于有限的介质和效果图中。建筑，不是瞬息万变的星群中的尘埃碎片。它是为交流而生，讲述一个故事，虽然它并不是故事本身。我在工作中所追求的是“结果”——此处播种，别处收获。一个方案是否清晰，应该一眼就能分辨出。不需要听别人的意见，不需要咨询，不需要绕弯子。简单，是真实唯一的证据。一个好的主意，并不需要太多的雕琢。在我的工作室里，真正的规则，是对进步的求索——快速应变。永远想着明天，想着下一个项目、下一次竞赛，还有梦想。我们没有时间闲聊、讨论或推理。我们只需做事、实验和领会。

学术界是个安全的世界，但是它离现实生活里的创造太远，离“创造”的无政府状态太远。我想捕捉，并希望建筑师能捕捉到的，是思想的速度和即时性。想法和概念不能够被过滤。相反，它们的粗野性和原动力必须被保留。不要老想着去给想法增加套词或是包装想法，保留它的本来面目就很好。现实工作中，我曾千万次地问自己:“怎样找到对的人一起工作？”经验显示，许多建筑师招聘都认真准备了面试材料、问卷和表格，他们想要了解关于应聘者的一切，包括他们的学校、家长、保险和工资期待，甚至他们的家族，等等。

然而，这些不是我做事的方式。换句话说，我认为这些都不重要。我的问题，也是我的优势，即信仰。我一直相信所有人都可以比他们自己认为的更好。我也不例外。

钢圈椅上的密斯·凡·德·罗，维尔纳·布拉泽（Werner Blaser）摄影
参见本书第 19 页艾克赛尔·苏瓦（Axel Sowa）《身体》一文 Copyright Werner Blaser

Atmosphere 气氛

法尔克·耶格（Falk Jaeger）
德国德累斯顿工业大学建筑理论教授

1924 年，当埃里克·门德尔松[1]在芝加哥面对着那些“尴尬、形似孩童、充满自然力量和功能性纯粹”的巨型玉米谷仓时，他平静地呐喊道：“纯粹的功能产生抽象美。”门德尔松强调一种矛盾的窘境，它是“现代主义”从开始到现在一直在持续面对的。抽象美，是一项崇高的目标，尽管它与人们对氛围和安全的基本需求看似矛盾。普通民众无法接受所谓审美范畴的“高标准”。人们需要的是情感（sentimental values）、惬意（cosiness）与舒适（comfort）——一些专家常称之为“魅力”（charm）。建筑师们一直在不断面对并尝试应对这种“窘境”。比如认为“装饰即浪费”的阿道夫·路斯[2]，他至少认识到炽烈的大理石纹理和有趣的木质表皮可以取悦客户的眼睛；又如布鲁诺·陶特[3]，他活泼地应用多彩色漆；再如勒·柯布西耶[4]，他在自己后期的作品中更加强调巴洛克风格。

当然，还有一些建筑师依然喜欢创作那些宣言式的建筑，或是没有灵魂的房子。他们大多是那位倡导“作为科学的建筑”的标志性人

1 Erich Mendelsohn（1887—1953），德国犹太建筑师。他在 20 世纪 20 年代的表现主义建筑广为人知，后来他在百货商场和电影院的设计中发展出动态的功能主义。——译者注

2 Adolf Loos（1870—1933），奥地利 - 捷克建筑师，也是有影响力的欧洲现代建筑理论家。——译者注

3 Bruno Taut（1880—1938），德国建筑师、规划师和作家。他的理论和色彩建筑广为人知。——译者注

4 Le Corbusier（1887—1965），著名瑞士 - 法国建筑师、设计师、艺术家、作家，现代主义建筑的先锋之一。——译者注

物——奥斯瓦尔德·马蒂亚斯·翁格尔斯（Oswald Mathias Ungers）的学生。奥斯瓦尔德将许多房子变成不宜居的艺术品，或是完美地折射着空间冷漠性的工艺品。

所谓黄金分割和斐波那契数列（Fibonacci series），或是矩阵和欧几里得空间（Euclidean space），那样的理想化比例是不存在的。现代主义缺少的是满足人性交往和激活知觉气氛的拓扑空间（topological space）。这种气氛，意味着声音的气氛、光与色的气氛，以及鼓励人们通过触碰与感受材料而获得感官体验的气氛。

虽然以勒·柯布西耶与保罗·鲁道夫（Paul Rudolph）为代表的大师所创造的光影构图已经过时，但莱昂·巴蒂斯塔·阿尔贝蒂（Leon Battista Alberti）在15世纪宣扬的“光影可以精神性地改变空间”的理念，至今仍广泛适用。

建筑，包括完美主义者的建筑，常让人感到冷漠和呆板。那些作品不缺少“庄重之美”，但缺少如康德（Kant）在《判断力批判》（*Critique of the Power of Judgement*）中所描述的“趣味”。细节和表皮，往往能精致到完美。但即使是优秀的建筑，也只能偶尔成功地创造出有情感的空间和让人感到舒适的气氛。并且，人们无法抵挡诸如外婆风格的花样墙纸，或外公风格的扶手靠椅的复古潮流，因为人们无法战胜那种情感的缺失。路斯曾在1925年说过：“建筑唤醒情绪。因此，建筑师的任务，是使这些情绪能更加到位。”然而，他的建议似乎早已被遗忘。

那些没有灵魂的完美工业产品——铝窗、玻门、钢质家具，没有个性主张的快速标准化解决方案——计算机化、序列化的设计方式等，都见证了上文的观点。现实中，只有少数建筑师从方案开始就制作模型去观察建筑的比例、空间和光线效果。更多建筑师，把气氛的创造任务，转交给施工方和用户们。气氛，因为其触碰的是人的感觉和情感。所以，它是建筑体验中最强大的要素，也是建筑整体评价的重要标准。然而，气氛常被忽略，或是被大多数建筑师给“藏”了起来。创造气氛，好比营造剧场，是对灯光、色彩和材料的把握。很多建筑师都认为这是件琐碎的事。

尽管如此，在现代主义的奠定阶段，有一些理论家，如玻璃建筑的先驱保罗·西尔巴特（Paul Scheerbart），曾在 1914 年不懈地争辩建筑的情感尺度。他认为玻璃建筑的气氛品质在于其几近完美地投射着多彩的光线。

伪装的节制，是基于对情绪的恐惧。情绪常常伴随着强烈的色彩。色彩感，属于每个人自然而发的直接感受。选择在建筑中应用色彩的人，都会将自己暴露在尖锐无休的批评中。另外，每个人对色彩的反应不同，对空间的反应亦不同。没有人能永远地取悦所有人。如果建筑师只是把注意力集中在考察建筑的功能和预算限制，或是空洞的建筑理论研究和壮丽的建筑外观上，而不是真心实意地为使用者的需求和愿望而忧心，那么世人对这些建筑师所设计的当代建筑的认可度将会一直很有限。

维也纳咖啡博物馆的一盏金属球灯
Image by Kiwi Smoothie at commons.wikimedia.org

Body 身体

艾克赛尔·苏瓦（Axel Sowa）
法国《今日建筑》（*L'Architecture d'Aujourd'hui*）杂志主编

我们虽然住在身体里面，但并不知道身体里面的世界是怎样的。只要身体是健康能用的，我们就能与之和睦相处。在大多数情况下，身体始终与其使用者保持着隐而不见的关系。即使在一些状态不佳的情况下，身体也一言不发。当你开始分析身体的物理存在时，会发现它是个谜团。通过镜像、扫描和 X 射线，你能看到身体的存在。然而所有的辅助工具最终还是将我们与身体分离开。探测、解剖和分析等手段可以穿透身体，从而证明身体的存在。身体的可交流性信息只能在与身体保持一定距离的情况下获得。为了让身体说话、转译、理解和传播其概念，我们运用了标识系统。比如结构图表或人体工学图示。这些符号系统与身体发生交流，传达着预设、常规、代码和密码，最终变成代表其他事物的抽象符号。工人的强健体魄、广告中的魅惑身姿和旱涝受灾者的瘦弱身躯，都是大众传播的模型和密码。让－吕克·南希（Jean-Luc Nancy）说过："我们只了解典型的身体，我们也只能那样想象它。作为身体，无论存在与否，存在于此或彼，更重要的是它可以作为感觉的主人和策划者而存在。"[1]

其次，身体总是对其相关联系进行加密。在近期的建筑表现中，动态的运动图像取代了拟人化的图像。匿名用户、消费者和行人的身

1　让 - 吕克·南希，《身体》（*Corpus*），巴黎，2000，引自德语版，柏林，2003，第 61 页。

体拟真图像被采用到建筑效果图中，代表设计环境考虑到普通人的满足感。如汉斯·贝尔廷[1]所言，身体的图像和人的图像联系极为紧密。纵览历史，身体的图像和人的图像与我们所理解的“人类”一样，是可以变化的。身体的图像呈现了神的化身（福音书）、宇宙和谐的理想比例（达·芬奇）、萨满力量（伏都崇拜）、统计平均值（恩斯特·诺伊费特[2]）或个体潜在的“可设计性”（辛迪·舍曼[3]）。

1984 年 2 月，《今日建筑》发表了让·努维尔（Jean Nouvel）作品的专题文章[4]，这在当时来说还是很谦逊的。文章包括建筑师访谈和努维尔的各种造型照片系列——有努维尔在床上阅读他最爱的读物，有他在思考的状态，还有他当出品人或评论家时的形象，等等。建筑师的身体形象被作为社交语言灵活地用于这期文章，同时配合着采访的文字。建筑师的身体本来就有出镜的机会，甚至本该以此为目的而打造形象。事后来看，努维尔真是个有远见的人。现在，我们看到很多建筑师的身体形态都被运用到建筑元素相关的广告、会议宣传单中，还有西班牙专业杂志的封面，又或是任何引起轰动的建筑奇观报道。无论观众如何无动于衷，都无法逃避这个现象已经流行的事实。重复使用身体形象，具有无限的可能性。这种方法，不仅被电影明星采用，而且被所有希望获得更大影响力的建筑师们使用。他们那些无所不在的图像，不仅引人关注，还投射某种私密性。然而，像建筑师让（Jean）、雅克（Jacques）、扎哈（Zaha）、诺曼（Norman）、马西米利亚诺（Massimiliano）、弗兰克（Frank）和丹尼尔（Daniel），他们使用这种获取关注度的方法的目的是什么呢？拍摄这些并非日常生活中人物的目的是什么呢？它有什么意义？

我们现在的明星体系是与“身体”相关的。身体让个人感知自己的存在。使他们从封闭的职场地位中脱颖而出，通过媒体机器让他们摆脱日常枷锁

---

1 Hans Belting（1935— ），德国著名艺术史学家。此处引自贝尔廷 2001 年出版的《图像人类学》（*Bild-Anthropologie: Entwürfe für eine Bildwissenschaft*）中《作为人的图像的身体图像》（“Das Körperbild als Menschenbild: Eine Repräsentation in der Krise”）一文。——译者注

2 Ernst Neufert（1900—1986），德国建筑师。他亦是格罗皮乌斯的首批学生，是许多标准营造组织的教师和成员，著有《建筑师数据手册》（*Architects' Data*）。——译者注

3 Cindy Sherman（1954— ），美国摄影师和电影导演。她的“概念肖像”广为人知。——译者注

4 《今日建筑》，巴黎，1984 年 2 月，第 231 期，“Jean Nouvel 1977-83”，第 3 页起。

的束缚。他们从职业的纪律限制中解脱出来，进入到空间的常态轨迹之中。然而，明星们想要在有生之年蜚声扬名的急迫感，就好像建筑专业本身一样古老。将建筑师身体形象媒体化并非一个新现象。文艺复兴时期的那些想要成为独立艺术家的建筑师们，在他们的文字和著述中早就表现出了这样的思想。比如洛朗·巴里东[1]在一段简史中提到让·古戎[2]或是菲利贝尔·德洛姆[3]的形象曾在自己作品的卷首出现[4]。巴里东还说，维特鲁威(Vitruvius)对狄诺克拉底(Dinocrates)图像的解析，体现了建筑师的社会和技术力量。

这种情况下，身体图像至少有两个构成部分。首先，身体图像宣布了人特有的物理存在属性，人物肖像照代表人物本身和从属于他或她的作品。其次，个体也是社会的组成部分。一名新手入行，脱离了与工艺行会的联系，依赖的是建立信用机制。在这里，身体的形象建立起工作、人格和专业思潮之间的联系。它是证明个人和专业声誉的媒介。最早发表和流传的身体图像，是文艺复兴时期的建筑师们用来保护他们的提案的。这些最终成了新学科的基础。那些当时最重要的行业代表们，后来都被引荐给王室和学院。

直至 19 世纪末，建筑师的身体图像、半身像和肖像的复制，仍然受到职业规范的限制。几个世纪以来，建筑师一直应用着各种工具，比如曲线尺、规划图卷和模型。这些都是表达工具。到 19 世纪下半叶，建筑表达的方式才开始发生变化。在插画杂志和时尚奢侈行家刺激下，新消费行为的到来给“身体”带来某种压力。身体必须忠于模特儿，但模特儿随着季节更迭而变换。外表不再是厄运，它变成意识与个性选择的对象。花花公子的形象开始变成新的自我表达的宠儿。花花公子们的着装总是特立独行，他们的行为不遵循社会规范，挑衅着资产阶级而受到排斥。通过对即

1 Laurent Baridon，法国当代艺术历史教授。——译者注

2 Jean Goujon（1510—1572），16 世纪法国文艺复兴时期的雕塑家和建筑师。——译者注

3 Philibert de l'Orme（1514—1570），法国建筑师和作家，法国文艺复兴时期最重要的大师之一。——译者注

4 洛朗·巴里东在“建筑的创始神话”（The Founding Myths of Architecture）国际研讨会（马耳他瓦莱塔，2005 年 10 月 7 至 9 日）上的发言；另见《狄诺克拉底的神话：建筑师、身体与乌托邦》（*Le mythe de Dinocrate: L'architecte, le corps et l'utopie*，2008）一书。

兴与独立的疯狂个性化，如今“身体”被用作对已有标准的批判。[1]

起初，建筑师们只是保守地追求像波德莱尔那样的“漫游者”和苦艾酒饮者的形象，但到后来，他们的外表已经不再需要遵循行业规则。身体的图像，如麦金托什（Mackintosh）或莫里斯（Morris），可以自由选择，她／他代表的是创作者的人格魅力。个性化的造型和外观，代表着客户的期待和需求。资产阶级的风俗和曾经的默许成规都已过时。建筑师无法再满足不断变化的需求。他们必须要开始新的冒险，扮演前卫先锋。为了表现不受拘束，建筑师表示对“新”不屑一顾。他们会像侦察员一样，首先观察什么是新的，然后自己去创造“新”。那些所谓英雄现代主义的主人公们，应用身体展示了他们的物理存在。比如，密斯·凡·德·罗[2]和勒·柯布西耶专门聘用了摄影师给自己拍照。摄影师维尔纳·布拉泽[3]传奇的镜头，为我们捕捉到一个着装优雅的密斯。照片中的密斯，平静而放松地向后靠着，那个动作正好测试了他所坐的钢圈椅的载重，诠释了座椅材料和建筑大师之间内在张力的对话。吕西安·埃尔韦[4]拍摄的勒·柯布西耶和马赛公寓，柯布的一只手触摸着混凝土墙壁，他的手臂倒影正好印在人体模数图的浮雕上，而这个人体模数图正是由柯布所设计。这张照片一方面传播着柯布设计的模数体系的可靠性，另一方面也不经意地揭示着建筑师本人是这个新人体图像的作者。这些例子都体现了自主创作所遵循的新规则，即特别强调人物与其作品之间的关系。与作品相似，建筑师的身体形象也是可以自我设计的。为了不显得过分强势，自我形象的塑造行头（眼镜、帽子、蝴蝶结领带、披肩或雪茄）一旦选定，就必须重复使用。自我选择的“面具”下面所隐藏的那个人物，必须和人物的身体一样持久、坚强、可以依赖。尽管“公共演员”可能会看似叛逆者、小丑、孤独的英雄或是

1 参见贝亚特·维斯（Beat Wyss）《新事物归来》（*Die Wiederkehr des Neuen*，汉堡，2007）中《花花公子的消失》（“Das Verschwinden des Dandys”）一文（第 200 页起）。

2 Ludwig Mies van der Rohe（1886—1969），著名德国 - 美国建筑师，现代主义建筑的先锋之一。——译者注

3 Werner Blaser（1924—2019），瑞士建筑师和作家。他与密斯的首次接触发生在 20 世纪 50 年代他于伊利诺伊理工学院建筑系的学习期间。——译者注

4 Lucien Hervé（1910—2007），匈牙利裔的法国摄影师。——译者注

亡命之徒，但他必须忠诚于他的装扮。

习俗式地重复使用同样的造型，增加媒体曝光，在当今的社会是必不可免的。国际建筑盛事出镜率最高的主角们，如果没有身体形象的曝光，就不能显示他们的存在。身体作为一种艺术形式不能错失它的机遇。“身体”的重复出现和持续出镜，在大多数情况下是隐形而不稳定的。现在，建筑行业已经变得非常艰难。绝大多数的欧洲建筑师都在为生计发愁，单枪匹马维持着生活。因为建筑事务所越来越缺乏规划技能，他们的订单正在减少。现在建筑师得去有大型房地产项目的商务机构的开发部工作，又或者物流、维护和咨询部，设施管理部门，效果图与视觉机构，等等。大部分的建设过程是由匿名的规划师准备，很大程度上由法务、经济、工业和物流部门决定。如今的专刊与杂志报道的建筑领域，也与真实情况有很大差别。一家德国期刊曾就此评论道：“现在的国际建筑评论看似有种独特的不确定性。所有过去几年的流行趋势都变得决然过时。”[1]

然而，建筑师的身体形象并不过时，反而成为把握住毕生事业的最后一颗铆钉。身体成为最后一个诚信的权威，代表着某种延续性。尽管我们的天才创造家对非物质化、折叠、斑点、装饰、图形和文脉有不同的考虑，但他们的身体一直保持着原来的模样——或胖或瘦，或灵活或疲劳，或久秃或发荣。一些建筑师已经认识到他们受限于自己的身体形象的曝光。如果他们不能亲临现场，则必须安排视频会议作为替代的现身方式。只有通过现身现场、参与社交活动和敏捷的速度，才能获得关注和听众。那些最活跃的明星，他们环绕地球的速度是记者们赶之不及的。现在，建筑师身体的动态形象也在所谓马拉松的论坛活动中广受青睐。这种形式首次在伦敦蛇形画廊中被采用，最近在卡塞尔文献展上也出现过一次。在一个八小时的活动单元中，雷姆·库哈斯（Rem Koolhaas）和汉斯·乌尔里希·奥布里斯特（小汉斯，Hans Ulrich Obrist）采访了二十多位艺术家、建筑师、历史学家、城市主义者和记者，采访内容涉及被访者的工作和世界观。[2]

---

1 archplus 于 2007 年 7 月 31 日发布的关于卡塞尔文献展（documenta 12, Kassel）马拉松论坛（Mini-Marathon-Germany）的简报（documenta magazines, Archplus, Mini-Marathon-Germany）。

2 相关视频可在 www.archplus.net 观看。

乔治·德基里科 (Giorgio De Chirico) 《自画像》 (1923)

库哈斯和小汉斯不顾时差，持续激烈地就内容、回应和态度的分歧展开了淋漓尽致的讨论。他们的表现赢得了我们极高的尊敬。

经过漫长的演变，建筑师的身体不再能代表原创个体的国籍或真实性。身体也不再是社会的一部分，与前卫不再有任何关系。身体作为个体而独自存在。良好的外观、内在和造型，都变得没有什么实际意义。身体的独特价值，是他／她通过媒体和通信所实现的“无处不在”。那么这些在全球范围内无处不在的建筑师身体图像有什么更深的含义吗？他／她们好像魔法。我们甚至不能肯定地说出他／她们代表的是什么。或许他／她们的存在是为了隐藏些什么。那会是什么呢？或许是建筑？

City Branding 城市品牌

简妮特・沃德（Janet Ward）
美国内华达大学历史学副教授

城市品牌——一个聚焦于文化资本家利益的、根植于精神层面的城市图像，在日益加速的城市复兴过程中常被应用的一种城市升级方式。建筑，毫无疑问地在这个城市升级的过程中占有重要角色。城市的文化回归（如今更多用于指弗兰克·盖里[Frank Gehry]和丹尼尔·李伯斯金[Daniel Libeskind]等人创作的那些标志性建筑，而不是指实际的文化收藏和文化内容）可以自然地在自给自足的城市转型中得到实现。

拉斯维加斯正是用这种品牌方式打造的城市之最。赌博产业之都聘用丹尼尔·李伯斯金建筑事务所设计其购物中心。建筑方案是一个巨大的、碎片化的星状综合体，笔直地矗立在毗邻城市条带[1]的 MGM Mirage 高层城市中心项目地带上。我们必须承认，这一刻建筑与当代城市的促进关系被重构了。就像李伯斯金（Libeskind，2007）自己说的那样，愿意用 70 亿美金打造城市中心项目的集团客户，比其他个体客户更乐意拥抱他大胆而喧哗的设计形式。换句话说，近来明星建筑师设计的博物馆，成为城市形象塑造的一种前提条件。通过打造高端

1 The Strip，拉斯维加斯赌城大道，亦称长街。这个地块最显著的特征是沿街的戏剧化建筑。整个区块内云集各种世界高端酒店、商贸与娱乐场所，是著名旅游景点。然而赌城大道的地块，并非隶属于拉斯维加斯市级土地范畴。——译者注

文化的隐性商业场所的手段（比如所谓“毕尔巴鄂效应”），现在明星建筑和与之相随的城市促进成功学已经无缝连接，并应用到更广泛的商业领域。城市的文化特征，甚至可以在没有高端文化根源的情况下，得到发展和体现。

拉斯维加斯每年有不下四千万游客。城市从其极其成功的广告策略（由传播机构 R&R 合伙人公司于 2005 年提出）中，获得巨大收益。拉斯维加斯的品牌改造，一扫以往“破落”的城市形象，摇身变成“性感”的“罪恶之城”——“在这里发生的，让它留在这里。”这座城市的全球宣言，一方面暗指她是一座主张个性和性自由的旅游胜地，并非普通低俗的度假目的地；另一方面通过正在进行中的设计细化，试图把城市从过往的“恐惧与厌恶”的道德与经济萎靡的坏印象中解脱出来。综合建筑技术成就了大众消费和高端文化服务的可能性，把拉斯维加斯的外表渲染得更加公共化、贵绅化和典型化。这座城市奢侈的阶梯攀爬在地产项目中表现得最为明显，尤其是在“条带”内和其周边的迅速高密度化开发，比如 2009 年开盘的“城市中心”项目中的住宅和零售区域。赫尔穆特·扬（Helmut Jahn）和福斯特（Foster and Partners）等建筑事务所设计地标建筑，加上世界级赌场巨鳄的经济操盘，共同打造一个新的城市中心，重新定位已经丰富多彩的“条带”体验。所以，李伯斯金设计的奢侈购物中心，会成为城市中心项目，甚至可能是整个拉斯维加斯的新中心。然而，很讽刺的是，这个未来的“城市中心”项目虽然与“条带”的其他高档区域相互关联，但其土地却不属于真正的拉斯维加斯城市的行政管辖区域。无论如何，在这里我们见证了城市品牌与包装的力量。它总是以最强大的形式，持续不断地去旧换新，包装城市的形象。我们的拉斯维加斯，正不断地在变化中。

以上的例子，不过是城市进化和虚拟建筑竞争进程中的一例。城市印象之间的竞争，是因为对自身的不满。地理学者大卫·哈维（Harvey, 2000）定义这个现象为后福特时期暨 20 世纪 70 年代后的服务经济的一个显著特征——走向“都市企业主义”。这个趋势是全球化的连锁反应之一，连社会主义的政府也被迫像新保守主义一样行事。他们热衷于城市中心的开发和城市市场的管理，常常重点投资市中心的改造、遗产旅游和基础设施升级（包括铁路、航空、高速路、通信），并无尽地复制某些适合举办各类临时性大型活动的城市建筑，如会议中心、酒店、体育场、博物馆和购物中心，而且倾向于请大牌建筑师设计。哈维并不赞成将正在进行中的都市企业主义霸权完全妖魔化。他强调都市企业主义霸权最糟糕的地方是所谓“形象胜于本质”，然而这个概念也是一个相对无害的“纸牌屋”。哈维还指出，创造积极的、有支持力的城市形象，可能要走很长的路。简单来说就是需要赋予城市市民新的身份归属。哈维在观点上认同像库哈斯（Koolhaas，2000）采用的那种激进方式，简单而言，就是不要再逃避城市发展的可市场化法则——商业建筑和旅游建筑已经成为城市空间体验的同义词。

所以，即使在操作成功的情况下，“罗马城”（civitas）也不可能通过如此一般的人工生产的后现代城市复兴而重现。我们会联想起城市规划专家迈克·戴维斯文集的德语版标题，作者在书中反对“赌场僵尸”（Davis，1999）。我们可能会问：完全包装化和商业化的城市是否会是一种僵尸的宿命？我们是否应该怀念过去并期待原创和自然生长的城市精髓，比如城市广场（*agora*）？又或者我们是否可以用不那么保守和消极的方式去对待今天的城市现实？

参考文献

Davis, Mike (1999), Casino Zombies und andere Fabeln aus dem Neo-Westen der USA, trans. Steffen Emrich and Britta Grell. Berlin: Schwarze Risse.

Harvey, David (2000), “From Managerialism to Entrepreneurialism: The Transformation in Urban Governance in Late Capitalism”, in The City Culture Reader, ed. Malcolm Miles, Tim Hall and lain Borden. New York: Routledge. Orig. 1989, in Geografiska Annaler 71.1: 3-18.

Koolhaas, Rem (2000), “Shopping. Harvard Project on the City”, in Koolhaas, Stefano Boeri, and Sanford Kwinter, eds. Mutations. Bordeaux: ACTAR.

Libeskind, Daniel (July 2007). Keynote discussion at the “InEvidence” urbanism conference, Univeristy of Cambridge, Cambridge.

Competitions 竞赛

王惠平（Wilfried Wang）
德国建筑师 / 美国德克萨斯大学建筑学教授

建筑竞赛起源于建筑师协会暨行会的形成。从真正意义上讲，直到最近，建筑师们才把竞赛看作一种定义自身社会价值的方式。当人们在选择最佳场地和项目方案时，信任，决定着一切。

与其他领域不同的是，建筑竞赛不是建筑师们建立“强者”地位的途径，而是实现最佳建筑的方式，可以确保项目委托机构的短期利益和社会利益得到最大限度的满足。建筑竞赛的终极目标，是为了以最合适的方式去实现，而不是以最合适的方式去幸存。这里合适的概念，是指一个建筑作品适宜地融入了其对照的文化语境。

以这种精神去主持一场竞赛，要求客户懂得什么是超越短期利益的优秀设计的必要条件。为了获得“短期经济回报”，人们可能采用某种临时性的设计解决方案，如通过选择寿命较短的廉价材料，或通过采用不易应对未来变化的类型学解决方案，或使用一些不成熟但要面子的方式方法，又或者毫无启发的设计，等等。组织竞赛，要求选出一个有能力辨别好坏、合适与否、创新与保守的评审团。

建筑竞赛要求行业内团结，能够认同客户的知识水平和评审团的智慧才能。过程中要遵守规则条款，相信评判是基于参赛作品的内在价值，而不是基于评审团对设计者的了解和评价。

参赛建筑师既要对客户负责，也要对公民社会负责，是这一切的先决条件。于是，这将涉及公共象征主义、功效、理财、在地适合性和广泛语境的适合性等概念范畴。另外，建筑竞赛需要有踊跃的观众和广泛的媒体参与，竞赛过程和结果透明化。报道设计的记者至少要尊重设计和客观地报道，同时也可以发表一些主观的个人见解。

过去，当所有人都可以匿名参加建筑竞赛的时候，建筑竞赛是一个关于概念和价值观的重要批判话语权。正因如此，它与制造服务业的竞赛截然不同。那些行业的评价标准是产品的形态和质量。开放式建筑竞赛，针对的是在指定区域内注册的建筑师（国家级、区域级或州级）。所以，区域的限制定义了一个区域的文化，同时也限定了可能参赛的建筑师的范围。

建筑设计竞赛的启蒙运动形式，消失于20世纪初。那个时期，建筑二维表现法正日益得到广泛应用。某种程度上说，因为竞赛要求做比例为1∶500的包括环境的模型，从而鼓励了建筑师们以简洁之道表达建筑的形式，追求环境逼真，以加深作品给评委的印象。20世纪下半叶，建筑设计竞赛开始变得系统化。图纸和模型开始有了各自的风格。通常是由与建材无关的材料制成。与最终的建筑相比，图纸和模型显得潦草，以至于评审团常常误解其想表达的内涵与品质。行会通常要求评审团中大多数为建筑师，这让一些客户认为评审结果会因此偏向建筑师的利益。

近20世纪末，全球化带来的国际竞赛规则，取代了区域竞赛规则。很多公开竞赛收到了广泛的投稿，使设计和技术评审人员淹没于其中，从而产生了高额的评审费用，并让评委心力交瘁。

随着公开和匿名建筑竞赛的不断减少，参加人数反而越来越多。于是，很多竞赛组织方选择其他形式来组织竞赛，理论上就是为了控制参赛人数。其中包括含初试的陪标竞赛、优先录取资格的设定、抽签加直接邀请、邀请制、选择性面试和象征性地罗列几个参赛者名字等方式。

当建筑行业被迫定义为另一种“服务业”时，便需要遵守与其他服务行业一样的规则（不包括法律、医疗、健康、社会福利、银行和保险行业）。世界贸易组织的《服务贸易总协定》（General Agreement on Trade in Services，GATS）和《欧盟服务业指令》（European Union's Directive on Services）将建筑设计竞赛纳入在内，要求其遵循服务竞争的法律框架。于是，自21世纪以来，建筑设计竞赛整体上变成非匿名制，分多个阶段，允许提前选拔或独家邀请。

建筑设计竞赛的创立精神已经完全妥协于“备选方案”的选拔过程。而且，就算是有明文规定的由政府部门主导的公共竞赛，许多精力还是耗费在如何规避责任上。比如通过建立公私合作机制，便可摆脱限制去运行竞赛；又比如更糟糕的，设立一些“总包”“设计／承建”的开发服务，建筑费用整体打包，一杆敲定。然而，面对这些现实，大部分的行业机构或个体建筑师，只能无奈默许这种明显的违规行为。

当下的建筑设计竞赛形式中，最不堪的是提前选拔机制。评审标准的确立，是为了筛选潜在的竞争者。它包括调查建筑事务所的经济背景（尽管这与《欧盟服务业指令》的第66条相悖）、计算机硬件和软件的使用、全时雇员和参与竞标的建筑类型记录等。对于外行人来说，这些或许看来合理。但是，相比其他文化工作领域，这是很高的门槛。换句话说，从前的建筑竞赛，没有把履历单薄但设计精湛的建筑师们拦在门外。《欧盟服务业指令》对建筑管制的直接结果，就是削弱文化多元性。更重要的是，它影响了建筑的品质，因为他们用所谓合法手段掩盖歧视和规避风险。然而以前的公开匿名式建筑设计竞赛，并不是这样的。

除了《服务贸易总协定》和欧盟这两头巨兽，二维建筑表现所从属的当代娱乐行业的局限，也阻碍了真正意义上的建筑设计竞赛的回归。只要那些“高大上”的社会评论曝光的经济收益一直胜于媒体广告费，委托方就会一直追求快速回报，并以通过建筑的奇特形象来打造其品牌为目的。

传统的开放式匿名建筑设计竞赛没落，最终是由于大众传媒引入的命名法和建筑明星体系。及时行乐式地投资“明星建筑师”的“地标建筑”，破坏了建筑生存的环境，即使社会大众可以意识到这样做并不能带来建筑品质的提高。然而，对于个体法人客户，决定让成名建筑师们参与有限的非匿名制竞赛，能确保他们最终会选择一个明星建筑师。更为寻常的是，对于客户，尤其是不太懂和不太能欣赏建筑的客户来说，合格入选的建筑师的名字和人气，比其设计作品的品质更为重要。

如果价值观一直围绕在形象比建筑更重要，建筑师的名字对于某些客户而言意味着品质，那么就没有可能回归到开放和匿名的建筑设计竞赛。

意大利撒丁岛上的树，在与风竞争的过程中被塑形
Photographer unknown

西方社会在这件事情上做了不可挽回的选择，给其他国家树立了一个可悲的先例。《欧盟服务业指令》也不太可能会撤出建筑行业。行会已经明确地证实了他们在这个本不能妥协的核心问题上的妥协意愿。所以，现在所有在所谓竞赛的选拔过程中发生的事情，实际上都与概念的竞赛无关。

参考文献

Hilde de Hann and Ids Haagsma, Architects in Competition: International Architectural Competitions of the Last Two Hundred Years, New York, 1988.
Cees de Jong and Erik Mattie, Architekturwettbewerbe 1792-1949, Cologne, 1994.
European Union Directive on Services, eur-lex.europa.eu.

Computer 计算机

海梅·萨拉萨尔·吕克奥尔（Jaime Salazar Rückauer）
西班牙 / 德国，建筑师 / 编辑

很少有像建筑一样设计快且持续久的创作。看看你的四周，会发现有些产品需要经过多年研发，才能投入生产和接触客户。一旦生产出来，却又只会在很短的一段时间内被使用，之后便会被其他更好的产品所替代。与此相反，一幢建筑通常是几周时间构思、几月时间设计和一到两年时间建造出来，但在大多数情况下会使用好几十年。因此，建筑应当是可持续设计产品之杰。

与此同时，建筑评论仍然几乎只关注设计，而很少论及建筑实施，即建筑寿命和使用。当然，建筑设计和建筑师是建筑创作的主体。但是，建筑都有一个重要的生命周期。建筑一旦建成，便会有消耗和磨损，从而产生相应费用。如果我们把建筑比作其他生物，它们就是科技创新最古老的产品之一。建筑物通常有一定体积，有时甚至特别巨大，不精细。与其他科技相比，建筑增加新功能的速度缓慢许多。而且，因为建筑的寿命较长，即使建筑在建造时使用了最先进的科技，最后也会成为淘汰的科技。所以，越来越多的观点认为现存的建筑是个经济问题。

自电脑时代以来，人造科技从机械时代的惰性问题转变为时间效应问题。不论机器原来的状态如何，只要它随时间的推移而持续转化信息，它的意义便越来越重要。这里说的“时间”与现代建筑的三维空间以外的第四维空间“时间”没有太多关系。相对建筑而言，电脑时代的“时间”对应的是建筑建成后的使用时间。相对机器而言，建筑的“使用时间”尚不能被认为是“生命”或者类似生命的事物，尽管它正在缓慢地获得这些属性。

或许建筑不是，也不再会成为科技进化的亮点。但是，建筑在其生命过程中，一直在不断得到信息处理科技的支持，就像我们身边的大多数产品一样。所以，对智能建筑和智能环境的怀疑论，会像第一代电子经济的失败一样转瞬即逝。这不过是时间和运行荷载的问题。在追求效率的社会中，惰性机器仿佛并不够用，因为它们是不生态的。

如果真有电脑时代人工产品的突破，那便是信息处理科技。自 20 世纪下半叶以来，人工产品不断地捕获更多的信息。最初，发展仅限于信息处理设备。但现在，几乎每一部机器和每一处环境都在进化。尽管，这种进化的物理局限还很明显，但是它带来的变化是与 19 世纪的工业革命不相上下的。在脱离了本初之后，现代人类正在通过制造副本回到本初。

Concept 概念

英格丽德·赫尔辛·阿尔莫斯（Ingerid Helsing Almaas）
挪威《建筑艺术》（*Byggekunst*）杂志主编

大多数建筑项目都基于一个基本的想法，即“概念”。建筑系的指导老师反复地要求学生：“你必须有一个很强大的概念。”建筑师之间互相赞许彼此的建筑“概念连贯”，你甚至还会发现“概念”被当作形容词用，比如我们会对一个建筑师说他或她的作品“非常概念”。尽管如此，你不会在英国企鹅集团出版的建筑词典（Penguin Dictionary of Architecture）里看到所谓的“概念”，也不会在像班尼斯特·弗莱彻[1]、弗兰姆普敦[2]、佩弗斯纳[3]和詹克斯[4]所著的许多文献的索引里找到“概念”这个词。尽管，你可能期待在“电脑”和“具象”之间看到这个词。事实上，我真的不记得有谁曾经给我解释过究竟什么是“建筑概念”。这个词在我们的专业语言中无处不在，自然就有了它的意义，就像“项目”和“想法”这些词一样。它似乎在专业内无论是实践还是理论层面，都是不可或缺的。尽管现实中，它对于不同人而言代表着不同的含义。

1 Banister Fletcher（1866—1953），英国建筑师和建筑历史学家。——译者注
2 Kenneth Frampton（1930— ），英国建筑师、评论家和历史学家。他的 20 世纪建筑史研究广为人知。——译者注
3 Nikolaus Pevsner（1902—1983），生于德国，后居英国，艺术史学家和建筑史学家。——译者注
4 Charles Jencks（1939—2019），美国建筑理论家、评论家和景观设计师。——译者注

一个很现实的测试

作为测试，最近我通过邮件发给挪威同事们一个很明确的问题：“什么是建筑学概念？”仅几天工夫，我收到了五十多封回信，如下：

“对问题给出直觉般正确回答的形式。”

“一个正式的可以被实现的想法。”

“一种形式发展的基本想法。”

“从早期草图到后期项目的整体操作过程。”

“一种建筑学的基因，一个可以通过语言描述、画图和模型表达的想法。”

“建筑学解决方法设计的导航工具。”

“理想与现实的相遇。”

还有很多答案，但是他们的回复都让我确认了自己的怀疑——一个词有不同的理解方式。不过我自己也做了些有趣的整体观察：

许多人都描述“概念”有着指导的功能。

很多人认为概念必须要能够通过简单的草图或图表可视化。一些人也提到“模型”，尽管在大多数建筑事务所里“概念模型”实为稀有。

一些人认为概念是对问题原始而本能的正确反应，而且整个设计过程保持不变，或者随事物发展去测试和调整。

另一些人描述概念是一种必要的向其他人解释和交流的方式，还有些人甚至觉得这是概念的主要功能。

只有很少部分人认为概念是个没有必要的词，因为它无所不在地存在着。

值得一提的是，我仅花了一到两天便收到了那些回答。“概念”确实是一个熟悉的词，在我们的工作中每天都会提到，人们根本不会花时间想它到底是什么意思。因而，如果人们在应用它的时候就像知道含义一样，那么给它的定义并不相同是否还需要纠结呢？我们都或多或少明白自己在建筑领域内想表达的意思和想实现的目标。最后，我们发现，所谓词汇，最终只是通往终点即落成的建筑的一种方式。

前后矛盾的危机

前后矛盾可能会造成某种危机。然而，对于建筑师来说，语言最重要的作用不是为了和其他建筑师交流。这里的交流，包括文字、图片、含混地表达赞成与否或其他非语言手段等。语言，对于建筑师最重要的用途，是为了同我们在设计和建造过程中的合伙人和设计伙伴交流。为了让客户、顾问、机关和大众能信服设计的智慧与价值，语言是相当必要的。在这种交流中，像“概念”这样有多重含义的关键词，便成为一个问题。所以，我们显然需调整“概念”这个词。而且，为了我们行业的口碑，如果我们用这个词，就要尽量保持前后一致。

词典定义

词典里解释“概念”是来自拉丁语，表示“想法”“主张”或“发明发现”。它和动词“构思”[1]关系很近，源自拉丁语前缀“com”，意为相伴或在一起，加上“cipere”或“capere”，表示获取或把握。直接翻译这层含义便可理解，“概念”是可以被想法所把握的。同样有趣的是，“能”（capable）和“指导／船长／首领”（captain）有同样的词根。这应验了我的那些回答者所讲的“建筑学概念的主要功能是引导（guide）”。实际上，这种引导的概念，把我的回答者截然分为两组：一组是认为概念与建筑学形式有关的；另一组是没有给出正式含义的。

1 原文用词“conceive”，动词，表示设想、想出、孕育。——译者注

概念＝形式？

所有建筑师面对的建筑设计任务，都是现代的、复杂的，比如医院、学校和办公综合体。它们没有现成的形式可以照搬。如果建筑师想保险一点，可以向某些预先设定的形式靠近。但是，这可能不是最有效率的工作方法。如果你想实现一套自己的语言形式和曾经的理想，那么整个设计过程中的更改、经费和其他条件会难以避免地增加。而且，建筑的实现过程一定是曲折的。这只能通过妥协来解决，它必然会破坏你原来想要实现的那种形式。因此，概念不是形式。

决定的基础

然而，许多我的回答者没有描述概念是某种特定的形式或一系列形式，而认为概念或许是发展的基础和项目的细化。

“建筑学概念是设计过程中所作选择的一套基础法则。”

“建筑学概念是一组判断项目中畸点和亮点的词汇。”

“它是一种基本的想法，用来支持和提示项目中需要做的很多选择。”

一个简单的测试：建筑师不可避免地认为，所有问题的答案都是建造。但是，问题本身的答案可能并非建造。如果你的基本前提是概念是某种物理形式，那么你就限定了可能的答案数量，排除了不是建筑的东西。这可能是一个极端的例子，但很能说明问题。建筑学概念是某种引导你做选择的思想方法，即建筑学概念是你做决定的一种基础，这最终是一个更有效的定义。就像“我们怎么知道一座建筑是使用砖还是混凝土”这样的问题，可能取决于实施和经费条件，但它也可能是一些基本想法——“建筑学概念”——的结果。又比如“是与周围融入一体还是形成反差”这样的问题。如果我们选择有反差，那么究竟是使用砖还是混凝土才能达到最佳效果？同样重要的是，需要反问为什么要选择有反差。“为什么”是建筑学概念发展的一个至关重要的问题。所以，实际上你可以说建筑学概念是回答为什么。为什么勒·柯布西耶认为将萨沃伊别墅（Villa Savoye）设计得与地景形成反差很重要？勒·柯布西耶是为数不多的总是主动表达他做项目的意图，并让人信服的建筑师。你可以对任何建筑项目都询问“为什么”，希望每一次能离项目的本初概念更近一点。

为什么？

为什么？形式不能给出答案。为什么18世纪中期亨利·霍尔[1]想在英格兰建河谷坝？因为他想要创造人间天堂。斯托海德景观公园（Stourhead landscape park）是18世纪对极乐世界的愿景。当你知道自己想要什么，便会在项目执行中产生无数的想法、面对无数的决定。你会问自己“为什么这个细节可以帮助我实现人间天堂？”“我该在哪里种树，种什么树，在哪里建亭阁？”然而，还有些不易回答的问题，比如“什么是天堂？它是怎么组织的？长什么样子？人间又是什么？”因此，概念并不能提供知识。换句话说，有用的建筑概念可以促进知识的形成。

一个概念不可以是提前决定的形式

建筑概念是种无形的思想，它可以用少量的语言去描述，或者通过草图去表达。建筑形式则相反，它是通过有尺度的平面图、剖面图和立面图去描述的。反过来是不可行的。因为，你无法通过一个概念来描述某个精确的剖面，一个图表也不可能准确地表达出形式。区分这两个建筑术语的意思很重要——概念不是形式，形式不是概念。如果你可以认同这一点，那么我们说建筑学概念是一系列形成能引导项目决策的基础的想法，一个概念不会因某个英才的灵光闪现而出现。它需要一个长时间的演变和积累，需要很多人的加入和贡献。后者尤为重要，因为与其依靠扑朔迷离的灵感，

1 Henry Hoare（1705—1785），英国银行家和花园设计师。——译者注

不如依靠建筑学概念，它更能为实现建筑而集合众思——所有参与的人分享着共同的目标和故事。一个项目的概念在落笔画定之前，就可以展开讨论。比如“我们想要什么？”“我们希望在地球上建造一个天堂。”一问一答，这样每个人都能理解和认同。于是工作便会自然展开。

Corporate 公司

尼古拉斯·亚当斯（Nicholas Adams）
美国瓦萨学院（Vassar College）建筑历史教授

对美国SOM建筑事务所T. J. 戈特斯迪纳（T. J. Gottesdiener）的访谈

Corporate Architecture：用于描述为大型商务或工业公司建造的建筑，含贬义；也可以指承接大型项目的建筑公司。对公司建筑（corporate architecture）的异议，是因为它的匿名性、尺度，以及其脱离与漠视共同社会活动的明显属性。这些异议常常是发自内心的，有时也合情合理。尽管如此，公司和开发商继续盖他们的建筑，评论家们继续批判。前者与后者仿佛不相干。

当然，“公司建筑”这个词不是什么古老术语。你不会在维特鲁威和阿尔伯蒂（Alberti）的书里看到，更不会在杜兰（Durand）和森佩尔（Semper）的书里看到。这个词起源于20世纪下半叶。1955年在使用时还是加引号的：“corporate architecture”。这大概是因为当时作者在自我意识中，想试着给美国公司的建筑找到一种新的描述方式。这个词，在现代艺术博物馆的展览“商业与政府建筑”（Building for Business and Government，纽约MoMA，1957）上是没有出现过的，也不曾在《建筑论坛》（*Architectural Forum*）杂志社主编的办公室和工业建筑的文集《商业建筑》（*Building for Business*，纽约，1957）中出现。就像“银行艺术”这个词常指平淡的艺术品被银行或商业机构收藏，“公司建筑”在学术圈里是个贬义词。那么为什么又要重用这个乏味的贬义词呢？为什么照搬反面例子去描述一个传统观念？于是，我决定找个机会与深谙公司业务和懂得其建筑所需的人士进行对话。我的目标是，试图从大公司的角度去理解在公司里做建筑的体验。

T. J. 戈特斯迪纳是纽约 SOM 建筑事务所的合伙人和经理。SOM 是美国最大的建筑事务所之一。戈特斯迪纳是 1980 年开始在 SOM 工作的，他出生于 1955 年，曾求学于康涅狄格州三一学院和库珀联盟学院，在加入 SOM 前曾工作于詹姆斯 · 波什克（James Polshek）合伙人事务所。作为合伙人、纽约办公室的经理和主要承担行政管理、费用沟通和客户关系的两名负责人之一，戈特斯迪纳非常熟悉“大型”建筑的世界。他与另外一个设计伙伴组成团队，参与了 SOM 的很多重要项目，涉及菲律宾、韩国、日本、巴西、美国，以及中东、欧洲等地，如以色列的本 · 古里安国际机场，纽约的时代华纳中心、世贸中心的七号大楼、约翰杰刑事司法学院和纽约自由塔，以及东京的中城项目。我们于 2007 年 1 月 5 日在 SOM 位于华尔街的纽约办公室见面。想来真是个合适的地点，特别是对于一个主营公司业务的建筑事务所。然而，戈特斯迪纳的办公室并不像“宇宙之主”的那般夸张，反倒是很利落。我们的谈话时断时续，快捷而明确。

问：公司建筑这个词好不好用？

答：不是很好用，而且很让人困惑。我们是要说谁呢？是建筑师还是客户？实际上，我觉得这个词现在不太适用了。当全世界的美第奇家族都是公司的时候，特别是在 20 世纪的 50 年代、60 年代和 70 年代，这个词在美国非常盛行。美第奇家族，是有雄心壮志和财力及政治影响力去做事的客户。不过这一切都改变了，现在最有底气的客户往往是个人。他们可能是某公司的首脑，但通常不是有宏大视野的开发商。现在的公司更趋于寻求安稳之道。

问：所以，这个词的一个关键是关于公司和开发商的关系？那我们能说“开发商建筑”吗？

答：答案并不是非黑即白的。也有些公司一直在做大项目。比如IAC/InterActive公司，他们与弗兰克·盖里（Frank Gehry）在做曼哈顿西边的项目。InterActive可能不是一个有很多人知道的公司，但是公司的老板巴里·迪勒（Barry Diller）是一个商业标志人物。这个案例的核心是公司老板比公司更有名。他请盖里设计他们的项目，感觉很合理，因为盖里的作品具有很强的标志性。与此相反，当我想起SOM很多好的项目时，比如利华大厦、康涅狄格人寿保险公司总部或者惠好公司大楼，我们几乎记不起那些公司的项目负责人的名字，但是能记住公司的名字，不一定包括公司首席行政官的名字。然而，公平地说来，这些公司组织形式的不同，并不导致设计质量的不同。

问：所以问题在于，一个单位是否有个强大的领导者，或者简简单单就在于一个单位是否有应变能力。那么让我们回到“公司”这个词的贬义问题上，不论我们是善用还是误用了这个词。市面上有种观点，认为“公司”（开发商）不能真正做好建筑，您怎么看？

答：这样说不是很正确。其实不是钱的问题，而是他们要实现什么的问题。因为美国公司的本性在改变，建筑委任的本性也在随之改变。上市公司总有疏忽之处，于是要求领导层保持公司安稳。公司委托的建筑任务，要求建筑看上去完美，紧跟预算，还有一个新要求，就是要求建筑要有某种灵活性，这在以前是完全没有的。比如，当我接到一个交易大楼的项目，客户会要求我们想一想，万一公司倒了，地产怎么办。比如是否可转换为一个礼堂餐厅或者健身中心？又或者转换为其他业态使用？这就是我们所面对的问题。从某种角度来说，出众，至少审美上的出众，并不是衡量生意的标准。

还有，我不认为每个建筑都必须是标志。这或许听上去有些消极，尽管我自己并不这么认为。作为建筑师，我们自豪的是自己在特殊要求的限制里创造美好事物的能力。

问：请让我提一下还有另一种批判：即使公司和开发商都声称他们需要有想象力的建筑，他们还是只会把钱花在高级技术工程上，而忽略在便利的生活设施上的投资。

答：我并不认为这是公司特有的问题。公司和其他任何人或单位一样，都有自己的底线。作为建筑师，我们有客户，还有时间表、责任和预算。这对于要建住宅的人，或要建五十层的办公楼的人来说，都同样适用。最大的困境，也是我们最大的挑战，是如何把客户向比他们所想要的建筑更好的方向引导。这是一种很微妙的推动，也一直是我们最大的挑战。但是，我认为，如果有公司找到我们，是因为他们需要我们所能提供的确定性——我们能保证按时按预算交出满意的方案。同时，他们也希望我们可以给他们一点压力，以帮助双方在满足项目要求的前提下，获得最好的建筑方案。

问：所以，建筑设计的问题可以是微尺度的？

答：正是如此。我觉得建筑中，不加质询的信任，已经不存在了。在公司委员会中就是这样，更何况我们是在一个这样规模的公司里工作。以前，我们的客户拿来项目，告诉我们“我需要盖一栋楼，这是基地”，然后我们给他们做四五次方案汇报，就开始建设了。现在，我们每周都要和客户开会，有些客户甚至要求每天开会。客户们想要参与到过程中的每个环节，以便知晓每一处细微的差别。这既是好事，也是坏事。

问：目光短浅的设计有危险吗？我认为，建筑师需要在项目开始时就确定愿景，而且要在第一次会议时就表述出来。

答：你说的很对。换一个角度说，如果你的客户每周见你一次，他们会开始了解你，然后信任你。你有了客户的信任，就能在下次会议上说：

“看，我有个想法。让我们试试这个。”然后，他们会相信你。信任，是与客户关系中最重要的。

问：对建筑公司来说，有个可以吸引客户的建筑师是否重要？

答：对。建筑就像当代文化，会稍稍受到明星追捧的影响。有名，有品，有认同度，肯定是很重要的。但是，最终要回到密斯所说的“上帝藏在细节中”。建造，特别是好的建造，需要有很深的经验。这是一件很深刻的事。然而，明星的概念是很肤浅的，它只是一种虚荣。我们真正需要在意的，不仅仅是设计天赋，还有对空间、材料、细节和城市的理解。

问：SOM 的三位创始人全部已逝，而且他们中没有一人是设计师。你们是在和与你们不同的公司竞争吗？在我看来，SOM 确实不太注重建筑师的名字。

答：所有的合伙人，都为这个问题经历过曲折。因此，现在的结果是，公司重视提拔个人。在现实中，这就好比去餐厅吃饭。如果丹尼尔·布鲁德（Daniel Boulud）拥有 12 家餐厅，你有多大机会吃到他亲手料理的食物呢？然而，还是“名字”让你来了这里，所以名字是“钩儿”。像我们这样的公司，个人是很重要的，但是我们也非常强调团队。在这里，团队可以是一个建筑师和他的咨询顾问，也可以是 30 个在做同一个公司项目的建筑师。

问：我认为“公司”也让他们的活动变得有神秘性。如果市场想要知道个人名字，这对公司来说会不会成为困难？

答：如果有人想要推广他的建筑，那固然是好事。但是，我们做建筑师不是为了出名，也不会为了做一些项目而获得出名的机会。我们做这些项目，是因为我们想要创造更好的建筑和不一样的建成环境，想要营造场所的感知。公众的关注是件好事，而且这在全世界范围内越来越重要，但是这不是我们的目标。

问：我在想 SOM 设计的波士顿宏利资产管理有限公司[1]，可以谈一下吗?

答：那个建筑有个非常棒的环境叙事。

问：我认为那是个很特别的案例。然而，关于“公共”这个话题，我认为像我们一样对建筑有特别兴趣的人，会觉得自己对很多正在进行中的建筑，了解还是太少。至少对我来说，“建筑”对那些客户意味着什么，不是很清晰。

答：对，我也认为是这样。如果你知道有那么多公司，在他们的年度报告中，会用公司总部大楼做封面，也许会感到惊讶的。这是个很有趣的现象。我们在纽约第 47 街和麦迪逊大道之间，为贝尔斯登公司[2]设计了办公大楼。他们对此一直保持低调。但是，他们的年度报告、广告和每一份宣传品（产品介绍或业绩宣传），都印有我们设计的办公楼的图片。这个建筑本身也不是标志性建筑或抢镜建筑，但是它很适宜地矗立在城市街道上。建筑的形体优美，天际线赏心悦目。尽管没有人提那是“贝尔斯登大楼”，但是，贝尔斯登公司认为那是他们的骄傲，于是那幢建筑成了他们的符号。

问：建筑师过多从公司角度看事物会不会有危险?

答：不会。我觉得那是对这件事的误解。妥协，是建筑师生涯的要素。

1　Manulife，加拿大公司，以保险为主营业务，并提供相关金融服务。——译者注

2　Bear Stearns，美国主要的投资银行，后被摩根大通收购。——译者注

无论是标志建筑师，还是大公司的合伙人。作为建筑师，我们要面对诸如场地、时间和预算的限制。不论你是做博物馆、住宅，还是办公楼。客户总是有自己的原因去选择建筑师，要么他们关系好，要么某个建筑师在某些方面特别有经验，又或者某个建筑师的口碑特别好，等等。也许有些客户选择自己可以把控的建筑师。但是，那不是我们事务所的状态。我们从不觉得自己屈服于任何客户。相反，我觉得我们自己才是那个去追求更好建筑的推手。但是，我们会妥协吗？是的，经常发生。

问：和一些自尊心像建筑一样高大的人共事，有多困难呢？

答：在 SOM，我们都是一起工作。每个项目都至少有两个合伙人参与。这样做一直运行得很好。我们是这样设置的，一个项目有两个合伙人负责应对客户的需求。虽然，看上去设计和管理是分开的，但是实际上我常参与设计的决定，而我们的设计合伙人也常需要处理一些商务咨询。我个人觉得这样很好。虽然这样说有点自我肯定，但那也是使我们每个人不断追求完美的动力。我知道这是老生常谈，不过我们确实是一步一个脚印地稳扎稳打。

在 SOM 有很好的机会让你直面有雄心的人。我们的公司文化有一点是让年轻同事和客户一起开会，这些人中的许多确实是英才，比如约翰·祖科蒂[1]（布鲁克菲尔德发展有限公司），史蒂芬·罗斯[2]（瑞联房地产公司），艾德·林德[3]（波士顿物业公司），史蒂夫·卢斯[4]（沃纳多房地产公司），他们都是卓越的标杆。

问：我认为，我们都应该去更多地了解这些人。不论喜不喜欢他们，他们都是重建美国城市的中坚力量。我们其实对他们个人和他们的品味与

1 John Zuccotti（1937—2015），意大利 - 美国商人，主要在纽约市从事房地产开发。——译者注
2 Stephen Ross（1944— ），美国房地产开发商、慈善家和体育球队老板。——译者注
3 Edward Linde（1941—2010），美国房地产开发商，波士顿慈善家。——译者注
4 Steve Roth（1941— ），纽约人，房地产开发投资公司 Vornado Realty Trust 总裁。——译者注

视野，所知甚少。在我们访谈的最后部分，我想说一下 SOM 本身。在外界人看来，SOM 是一个整体，一个综合型的公司。

答：我们确实效仿过那些公司。因为 N. 奥因斯和 L. 斯基德莫尔[1]（公司创始人）常外出开会，他们看到了美国公司的运作模式，所以建立 SOM 模式去顺应新的发展形势。高登[2]（SOM 历史上最重要的设计师）认同自上而下的强势管理模式。他训练了几个人，但他们最后并不成功。那种风格已经过时了。我是 1980 年加入的，作为刚毕业的学生来到这里，开始完全不知道事情是怎么运作的。但是，没过一年我就可以自己带项目了，并且满世界出差。这就是卓越的“信任”。在这里，公司会栽培你，以给你任务为测试，看看你是否能战胜挑战。当然，有人也会认为这是他自己的本事，与公司无关。但是，公司这么多年也改变了。基本上，现在公司里有一系列小型工作室。随着自身发展，我们发现这种模式很成功。一切的关键，还在于互动性。团队以内的和团队之间的互动性。一个团队在 20 人左右。你也许想问团队有层级吗？有的，但那不会成为障碍。我们一直让资深从业者做项目督导。“督导”和“团队”现在对所有健康的单位而言是重要的词，不论是合伙制还是公司制。

问：是的，整体上美国公司的风格确实发生了变化。

答：这就涉及对 SOM 的另一个认识误区。SOM 是合伙制，而不是公司制。是的，我们有很多客户，有很多项目，有很多员工。但是，我们内部是小团队工作制。现在，拥有很多员工，并不等于你可以做其他建筑师做不了的项目。技术的出现及其在工作上的应用，意味着还有其他很多建筑师能做一样的项目。我们正在消化这个事实。

---

1 Nathaniel A. Owings（1903—1984）和 Louis Skidmore（1897—1962）是 SOM 的创始人。——译者注

2 Gordon Bunshaft（1909—1990），美国建筑师，20 世纪中期现代主义设计的重要支持者，在 SOM 建筑公司工作了 40 多年。——译者注

密斯・凡・德・罗设计的西格拉姆大厦（建于 1957—1958 年）
从 SOM 设计的利华大厦（比前者早建成 6 年）拍摄　

采访后记：不言而喻，“建筑公司”需要重新定义。公司的平庸模式和公司的个人主义者需要用完全不同的体系去衡量，用不同的词语去描述。戈特斯迪纳的评论提醒了我们，建筑公司和客户之间因不同观点或对成果的不满而有过太多的争执。其实更实用的（或许不那么有趣）做法，是去学习一下建筑师和公司客户一起合作成功的案例。钻研这类课题的，似乎是商学院的学生，而不是建筑师。这或许是个错误，因为审美价值很少被商学院的学生理解，或者被完全忽视。戈特斯迪纳的观察，也使我们确认了在报纸上看到的现象，即名气很重要。建筑和建筑师的公共价值，还可以再挖掘。他还提醒了我们，对客户细心和打造持久的建筑专业环境，是一项复杂的工作。当戈特斯迪纳成为 SOM 的合伙人时，SOM 的首席行政官大卫 · 柴尔茨[1]曾赠予他一句话：“从现在开始，你最重要的任务就是寻找你的接班人。”这种鼓励的企业文化，是不是可以反映“公司建筑”很少被认知和普遍被误解的一面呢?

1 David Childs（1941— ），美国建筑师，SOM 建筑公司的名誉主席。——译者注

Desire 欲望

亨利耶塔 · 帕玛（Henrietta Palmer）
瑞典建筑师 / 皇家美术学院（Royal University College of Fine Arts）建筑学教授

我非常喜欢田纳西 · 威廉姆斯[1]的《欲望号街车》（*A Streetcar Named Desire*）。这种语言和事物的惊人拼贴是从何处而来？欲望，既是那个载着我们和布兰切 · 杜波易斯[2]去她妹妹斯黛拉和妹夫斯坦利 · 科瓦斯基那儿的语言，也是车。在威廉姆斯的闹剧中，整个故事以欲望街车为线索而展开。欲望街车同时也使斯坦利的残酷欲望具体化。由导演艾利亚 · 卡赞[3]执导的百老汇戏剧以及 20 世纪 50 年代上映的同名电影，描绘了斯黛拉和斯坦利的家：一个由分散的房间串成的复杂场景链，单薄的窗帘、百叶窗和蜿蜒的铁艺窗栅，不分性别地纠缠在一起，悸动的新奥尔良市就在屋外不远处。这个房间和家，充满了欲望。它是欲望上演的场景，看得不清楚，但是能隐约窥见和感受到。艾利亚 · 卡赞出生于伊斯坦布尔，原名艾利亚 · 卡赞琼阁路斯（Elia Kazanjoglous）。可能他的空间想象在童年受到了奥斯曼建筑[4]的影响。奥斯曼建筑用石头和木材搭建的开放式工作棚架，从空间上隔离了性别。与完全裸露的现代主义结构相比，在奥斯曼建筑的空间中更能找

---

1 Tennessee Williams（1911—1983）。美国剧作家和许多经典舞台剧的作者。他与奥尼尔（Eugene O' Neill）和阿瑟·米勒（Arthur Miller），被认为是 20 世纪美国戏剧的三个最重要的剧作家。——译者注

2 Blanche DuBois，电影《欲望号街车》的女主角。——译者注

3 Elia Kazan（1909—2003），希腊裔美国导演、作家、出品人和演员。他被认为是在百老汇和好莱坞历史上最有影响力的导演之一。——译者注

4 Ottoman architecture，指 14—15 世纪出现在布尔萨和埃迪尔内的奥斯曼帝国的建筑，是受到地中海和中东影响的拜占庭建筑形式。——译者注

到欲望之屋的根。

描述欲望可以用两个对仗的短语：渴求得到和着急获得。这两种角度都是建筑起源的重要方面，即对创造的渴求和对拥有的急迫。欲望，是商业社会和媒体领域的关键词。消费，是急迫想拥有和急迫想要建立个人的身份。不过，商业建筑时常缺少真正的“欲望”，甚至最后走向它的反面，比如那些半隐蔽或难以获得的欲望。这些也是奢侈品消费的属性。然而，如果建筑是难以捉摸的，它至少不是商业的。这是文丘里（Venturi）和斯科特·布朗（Scott Brown）在40年前就在讨论的“高档艺术”和“低级艺术”的孪生概念。媒体在这里起到至关重要的作用。建筑文学和建筑报道认为，建筑是消费的欲望客体。马拉帕特别墅[1]，就是概括这种欲望内在机制的很好的例子。它难以抵达，大多数人只能看照片，顺便会合理地联想到赤裸的碧姬·芭杜[2]在戈达尔的电影《轻蔑》（*Le Mempris*）里的背景。

除了荧幕效应和商业动力，欲望和今天的建筑还有什么关系吗？日本建筑师坂茂的帘墙住宅（Curtain Wall House，东京，1995）出现在国际建筑报道上，那种景象在人们头脑中留下一个双重欲望的印象。建筑位于东京市内某处地址不明且不易到达的地点，它好像一个近代版的马拉帕特别墅。帘墙住宅有幅巨大的窗帘在风中飘摆着，孤立着。它极度轻薄，密集城市环境中的私密生活呼之欲出。帘墙住宅，好像是《欲望号街车》布景里柯瓦斯基家的一个大体量建筑版本，城市、室内、公共和私密空间在这个建筑中发生了不可思议的交汇。建筑师坂茂在这个过程中，试图用设计将对别墅的表达提高到一个纪念碑性的高度，即欲望的纪念碑性。在形式上，他采用与建筑立面等高的夏日窗帘。当窗帘漫不经心地在街道上空飘起时，仿佛这座城市的法律与规则的执行都不复存在。

帘墙住宅，可以看成建筑作为奢侈品消费的另一个完美案例。坂茂的

1　Villa Malaparte，坐落在意大利小岛卡普里的东侧。它是意大利现代与当代建筑中最具代表性的一个。——译者注

2　Brigitte Bardot（1934— ），法国著名女演员、模特儿和歌手。她后来成为动物权利保护活动家。——译者注

弗朗切斯科·克莱门特（Francesco Clemente）《光》（纸上水彩，1996）
Courtesy Galerie Bruno Bischofberger, Zurich

创作包括且很早就包括了两个部分：一个是高端住宅，一个是实验性先锋创作。后者包括如今已经非常出名且限量生产的纸质应急房屋。这样两种创作的拥抱，让欲望在高端与必要的结合中自由而多彩地舞动。简单的纸构造与白色别墅的那种明确而经典的欲望一样充满魅力。坂茂成功地向我们展示，最简单的建筑形式可以成为欲望的载体。他把纸板应急房屋和项目委托演绎成人们茶余饭后的讨论，结果这种富有使命感的做法真正唤醒了建筑意识。

所以，说回《欲望号街车》，它到底怎么了？“欲望”，并不是威廉姆斯自己编造出来的，它是 20 世纪 50 年代中期以前，新奥尔良至为真实的日常生活情景的一部分，因“欲望街区”（Desire district）而得名。“欲望街区”是第九区一个地势孤立的穷人区。这个发展滞后的区域，原本是一个被运河环绕的工业区，但在 20 世纪 40 年代改建为针对弱势群体的住房项目。街区的名字，是由第一条建成的街道而来，取自这条街道业主女儿的名字“Désirée”。2003 年“欲望街区”因种种问题而被全面拆除，新的开发项目开始启动。2005 年，更新后的“欲望街区”刚建好，就赶上了卡特里娜飓风，而且是受灾最重的区域之一。

如今，气候变化正在给很多地方带来灾难，而且其程度前所未料。建筑，是二氧化碳的主要制造者之一。目前，所有这些问题都专门留给科学家和专家去寻找答案。然而，问题正在无情地摊在每个人的桌上和建筑师的制图板上。现在，建筑师面临的处境，更多地要求他们去承担新的使命，就好像坂茂所带给我们的启示那样。试想，建筑师们是如此着迷于自然产生过程的视觉图像。然而，我们为何对让建筑成为自然的一部分却不够着迷？是因为对技艺普通的建筑师来说太难实现吗？我们能不能在劳里·贝克[1]的惬意小尺度和诺曼·福斯特的精湛生态科技之间找到一条折中之道？我们能不能为生态议题发出欲望之吼？有一件事是绝对明确的：我们已经开始看到地球的局限性，如果想要地球持续发展，我们必须让日益突显的必要性成为欲望。

1 Laurie Baker（1917—2007），印度裔英国建筑师。他的建筑以经济、节能，最大化创造空间、采光与通风，同时不失审美微妙的特点被认知。人们称他是“建筑界的甘地”。——译者注

Doers 实干者

尤纳斯・艾德布拉德（Jonas Edblad）
瑞典建筑师

我设计过的最小的建筑，参与工作人员大约有三十多个。他们包括客户、同事、公务员、顾问、建筑工人和工头，每个人的参与都直接影响了项目最后的结果。如果项目再稍大一点，就会涉及政客、贷款方、评审团等。这个人事圈再向外拓展一层，即涉及经理、制造商、设计师、软件开发商、教师、编辑和其他舆论界人士。事实上，这个名单还可以继续轻松地向外拓展。

传统意义上说的“建筑师”（architect），是个单数词形。其实，除了“客户”也同样是单数词形外，其他的从业者都是以“群”(groups)、“公司”（offices）和“团队”（teams）来定义的。只要有过职业经验的人，都能看出这个现象很明显地反映出人们期待建筑是个性与气质的表达，而不是实际的规划与设计。尽管如此，愿景与现实之间的鸿沟，将会持续不断地产生矛盾。

在瑞典，有许多以国际标准的眼光看来不成比例的大型建筑实践。这些大型项目的根源，是因为一些显赫的大型建造工业集团的存在。比如在建造瑞典公屋[1]的时候，与这些承建单位的关系，决定了接到项

1 Swedish Folkhem，意为“人民之家”。它是一个政治概念，在瑞典社会民主党和福利国家的历史上有重要地位。——译者注

目的可能性。现在瑞典没有那么大的建设量了，尽管还有一些建造商巨头存在，但是他们几乎不给小公司任何机会。建设项目的困扰来源于对签约方是否有能力履行合同的持续担忧。规模，被认为是安全性的保障，因为大公司被认定为更有能力去支配资源。出于同样原因，很少有人会选择与安全感较少的孤独创业者为伍，而更甘于一直做雇员。刚毕业的建筑师，很少能在大众社会找到突破口之前，定位自身的角色。

建筑师，既是个人的，也是大众的。但今天的社会发生了逆流，对个人的强调，变成与日益复合化的工作团队、协作联盟、合资企业和分包顾问相配合的方式。为了在这个系统中辨清方向，特别在一些项目周折几乎不能告知公众的情况下，建筑师需要对自己该说什么和不该说什么有相当的分寸。在项目中，信息与对话是关键词。团队的每个人都必须能理解项目的全面情况。这便要求所有人，无论处于哪个级别，对项目和其执行有着共同的认知。这一点，对于项目主持建筑师去经营、保护和确保项目的整体运营来说，是最重要的事情。

跨越层级，意味着承认最好的想法不一定是某个人的。看到项目进展而感到某种特殊的喜悦，这与荣耀没有必然联系。这种喜悦，代表的是矛盾的化解、问题的解决和关系的融和。公司性项目和前期总体规划，往往从由重要成员组成的核心小组的会晤开始，通常会包括项目主持建筑师和主持工程师等。他们和后来的项目协调员会一直跟到项目落成。项目团队对项目的规划和跟进，负有全部责任。队伍有时会壮大，有时会缩小，但项目核心团队应该由始至终，且有能力在整个施工过程中持续交流想法和意见。以我们的经验看来，变化总是一直存在的。因此，施工中发生变化也是很正常的。我们在画一整栋楼的时候，常以 1：20 的比例制图，这样就可以对整体有个宏观的认知，同时能整编其他顾问的设计内容到方案中。

另外，建筑师还有一个公共角色，那就是对建成或未建成的项目进行解释和辩护。这里，建筑师立刻变得个人化，而且被赋予个人责任。只有在这个角色里，建筑师才能被大众广泛认知。常规认知的建筑师的形象，实际上是由少数几个特别人物所创造的。那些实干者领导的规划过程的复

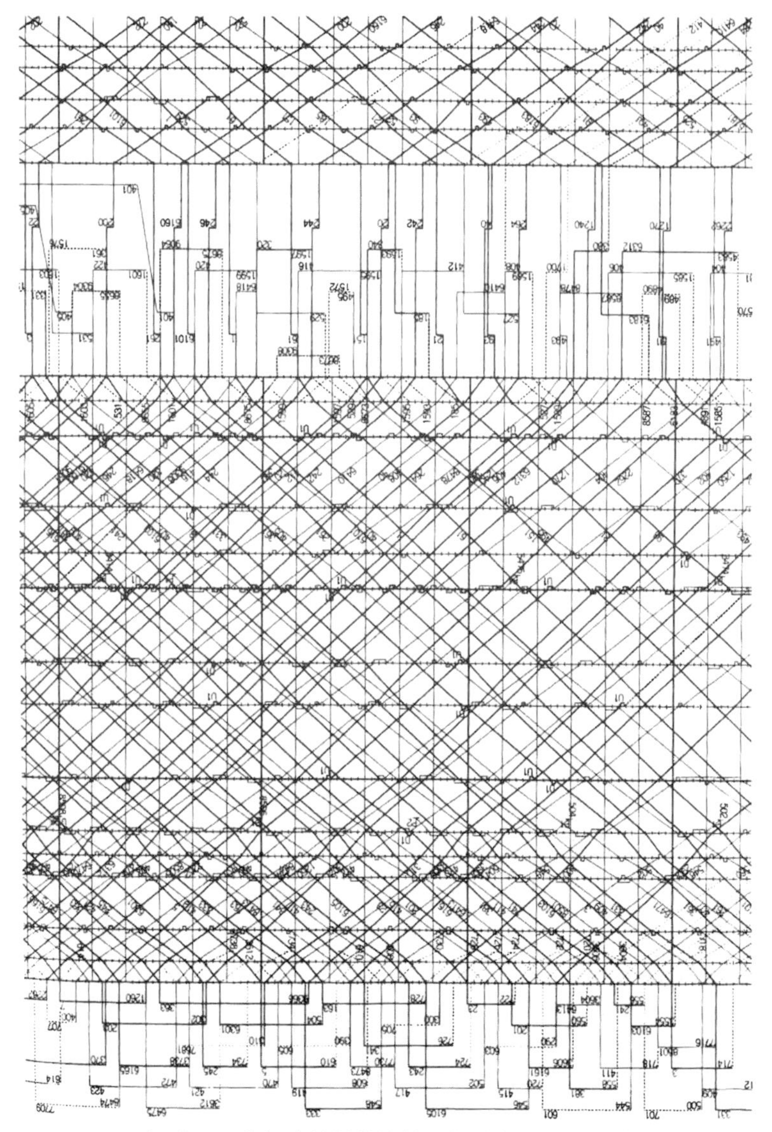

1985 年 7 月 25 日正午在日本全国铁路控制室记录的东海道 · 山阳新干线操作图表
Printed by permission of Edward R. Tufte, author of *Envisioning Information*

杂性体现在心理意义上，而非技术意义上，他们并不是都对“聚光灯”感兴趣。但是，那些实干者喜欢在团队里工作、倾听和学习，从项目中吸取经验，再运用于下一个项目。

“不妥协”的概念，是关于建筑条件的谬论里最奇怪的概念。如果学习中有骄傲的情绪，那么建筑的发展就会停滞。正直，是指真诚，而不是傲慢。只有专注和诚实，才能超越这些所谓的概念。这是伟大的建筑师必须有的态度。一个真正的好建筑师，常常能超越想象地与更多的人一起工作。

Europe 欧洲[1]

汉斯・伊贝林斯（Hans Ibelings）
荷兰《A10》杂志主编

当拙文《欧洲》第一次刊出在这本书的英文版时（2008年上半年），较之现在，欧洲是一个不同的地方。或者说，欧洲还是欧洲，只是在近10年，我认知的欧洲，发生了变化。我的旧作写于金融危机逐渐显形的第一股浪潮之前。危机爆发后的7年间，仍然时有阵痛。这场危机不仅破坏了欧洲多国的经济，而且影响了欧洲各成员国内部和相互之间的社会凝聚力。其次，与7年前甚至17年前相比，现在对于欧洲文化统一的假设，更无立足之地。

回想起来，该书出版的那年正是欧洲的转折点，所以也是欧洲当代建筑的转折点。欧洲建筑直到2008年以前，都是乐观、充满活力和创新的。但随着经济和政治激励的消失，建筑文化也受到了冲击。

从2008年起，我已经非常谨慎于自己对欧洲建筑时下处境的言论。但仅就我所看到和所相信的而言，从事后角度看，欧洲在20世纪末和21世纪初的后冷战时期的两个10年间，在一切都看似好转的情况下，可以说是非常乐观的。

即使“当下”（后2008时代）意味着什么，还不太清晰，但很难否认欧洲已经迅速进入一个新的历史阶段。现在欧洲项目随着希腊危

1 本文更新于2015年。——译者注

机和英国试图脱离欧盟的盘算[1]而明显衰退。欧元和欧元区的棘手困境、北约和欧盟的分裂、俄罗斯隐患、地缘政治向东方的转移，以及中国将崛起成为全球枢纽，这些都是造成几个世纪以来作为世界中心（至少欧洲人认为）的"欧洲"逐渐让位的原因。

同样，这些也深刻地影响了建筑。建筑，其通常的定义是基于欧洲对它的理解。我们不需要沉迷于欧洲沙文主义或带着文化优越感去观察，便可得知欧洲确实奠定了几个世纪的建筑基调。实际上，所有的宏观建筑历史，无论明示还是暗示，都是欧洲建筑历史。即使不是欧洲的建筑史，欧洲建筑也常是焦点，或是盛行的标准和参考。大部分历史著作，在对中东地区的建筑作了初步回顾之后，就将欧洲，特别是西欧，作为建筑的主要热土去呈现。在传统历史中，美国的重要性到 19 世纪才开始体现，日本和拉丁美洲在 20 世纪中期方登上历史舞台，非洲和亚洲一直且仍然没有被纳入到通史中，即使这些正在开始发生变化。当非、亚在书中被提及时，作者往往会说到那里的建筑是由一些西方建筑师设计，或者是由受到西方教育的当地建筑师所创作，又或者是可以被西方 / 欧洲建筑定义所理解的当地建筑师的作品。这是一种奇怪的自我延续效应[2]——只有当建筑符合欧洲对建筑的定义，建筑才被认可为建筑。

长期以来，公众认为欧洲对建筑有非常重要的意义。特别是从文艺复兴以来，建筑师作为建筑身后的创意个体，得到了尊重和感谢。然而，建筑并不是让欧洲"抢镜"的唯一文化表达。与此同理的还有古典音乐，例如小提琴协奏曲和歌剧，它们都同样起源和被定义于欧洲。

欧洲对建筑的理解在 19 世纪发生了演变。随着公民社会的崛起和城市中产阶级的出现，他们成为建筑的客户和使用者。建筑的专业化，即建筑院校、研究机构和出版单位的产生，伴随着建筑师的活动与实践范围的扩大。因为建筑师不再只为皇室、贵族和教堂设计，而是为公民社会而设

1　2016 年 6 月 23 日，英国举行全民公投，多数民众支持退出欧盟。2020 年 1 月英国正式退出欧盟。——译者注

2　self-perpetuating effect，意指有机体或个体有自我延续的能力，是生命的重要特征之一。——译者注

计。建筑师不仅设计宫殿、别墅和教堂，事实上还设计我们周围的一切，比如说从一块沙发垫到一座城市。

这就是欧洲矛盾的“建筑例外主义”[1]：建筑不是某种例外，而是能够作为社会日常生活的一种应用工具，营造集体和公共环境。在世界上大多数地方，建筑常被认为是为某种情境设计的特殊事件。但是在欧洲，人们的概念是相反的。

这种不同寻常的欧洲观点认为，环境中的一切事物，从灯柱到市政厅，从集合住宅到博物馆，都是建筑，都值得精心设计。这种观点产生于特定的历史条件。19 世纪欧洲的大部分地区都已到达富裕阶段（主要通过殖民与掠夺），其社会政治制度一般是民主制（在本国实行民主，而在殖民地常常实行殖民统治）。工业革命使得生活更富裕、农业更高产、医疗更完善，从而导致人口剧增和迅速的城市化。这些不仅给建筑师提供了更多的工作机会，同时也拓展了建筑领域。

只要工业革命继续，只要欧洲人口增长继续，建筑便可保持它营造社会的角色。然而，随着西方世界，特别是欧洲的工业革命已是强弩之末，加上欧洲所面临的人口增长停滞，欧洲语境内的建筑生存理由开始逐渐蒸发。另外，从可持续发展的角度看，减少建设量，改造和再利用城市中的已存建筑，是当代建筑师不可逃避的道德职责。

建设量越来越少和建筑师越来越少的趋势，在欧洲大部分地区已经日益明显。不需要水晶球就可以判断，这个趋势只会愈演愈烈。欧洲已经认知到建筑的衰落。这并不是一蹴而就，也不是一引即爆。未来建筑在欧洲的可能性，我十年前无法预见，但现在开始显现：建筑的零碎性标准化和与其他地区建筑的同步化，意味着建筑在欧洲将会越来越稀有。建筑可能只为特殊事件而设计。过去除了在欧洲的几百年里，建筑在世界上其他地方都是“例外”的。将来，就像歌剧和小提琴协奏曲一样，建筑也会变成一种例外。

---

1 architectural exceptionalism。“exceptionalism”即例外主义，它的出现受 18 世纪德国浪漫哲学历史学家提出的“uniqueness”（独特性）的影响，说的是每个国家都有其独特的文化和精神。这个概念很大地促进了欧洲 19 世纪“nationalism”（民族主义）的盛行。本文作者认为欧洲对建筑的独特理解在于认为建筑不是一种例外，因此是从字面上讲矛盾的。——译者注

Everyday 日常

丹尼丝・斯科特・布朗（Denise Scott Brown）
美国文丘里与斯科特・布朗建筑事务所总建筑师

南非的祖鲁村庄（Zulu kraals），也门希巴姆[1]的沙土摩天楼，希腊的白色立方住宅，欧洲的中世纪城镇，18 和 19 世纪的伦敦和费城的排屋，20 世纪早期的曼哈顿公寓（背面），美国西南的平房式住宅，南美的贫民区，上海的里弄，50 年代日本的中高层写字楼，莱维敦小城[2]，美国城市边缘的带状商业建筑，还有环太平洋地区的高层住宅。

这些都是所谓日常建筑。可以想象，中世纪小镇或乔治广场[3]的粉丝，可能不太喜欢“商业建筑带”也出现在这个名单中。但无论喜爱与否，这些例子都有一个共同之处：它们都不是机构、宫殿或公共建筑。它们并没有什么“特别”，尽管有些因历史而垂名。它们不过如报纸一样普通，每天都投入使用。

这些建筑的一个局部，一直或者曾经被称为穷人的建筑。有许多这样的建筑，都是民俗文化的手工创作，即“乡土建筑”，或是“没有建筑师的建筑”。它们相对而言容易让人油然生爱。但还有部分这样的建筑，比如棚户区、房车住宅、“俗气的盒子”和商业带，往往只会被业主或某几位艺术家和社会学家追捧。

1 Shibam，也门的一个城市。——译者注

2 Levittown，美国的七个大型郊区的第一个，建于纽约。第二次世界大战后，美国政府为给回归的退伍军人安置住房，建造了这种住宅区。工业化流水线式量产的住宅面目相似，且节省了大量的财政开支。——译者注

3 Georgian squares，都柏林的五个广场，建于 1750—1830 年间。它们各有特色，且是都柏林市的重要历史人文景观。——译者注

日常建筑被建造技术局限。几个世纪以来，它们的屋顶限制了其尺度。在中世纪的城镇中，特殊建筑椽子的跨度很大，但日常建筑的最佳跨度只有四米左右。这个规则适用于大多数民俗建筑，比如从中世纪城镇到莱维敦小城，和二战后的20世纪50年代在古老的地界线内重建的东京。

日常建筑常采用因时因地的传统方式建造，这使城市呈现出一种有序的形态，特别当日常建筑因民族文化而异时。日常性是地方性的，而不是国际化的。它不是由精英们引进的外来建筑。它与现代建筑师理想中的普遍建构系统是相悖的，这种系统适应现代科技要求，因而在世界各地生产的建筑看上去都差不多。日常性是无处不在的。在非洲、中东、拉丁美洲的大多数城市中，或在如今亚洲的高层建筑中，一些使用本地化现代国际建造方式的民居建筑似乎开始出现。

在世界的某些地方，比如殖民强权统治的地区，本地建筑可能被忽略，而“谦让”地献媚于外来建筑。这是所谓的格调高下决定社会内在张力的一种极致形式。建筑的正式与非正式的异同，与此同理。大部分的建筑空间，从前厅漫步到后室，便会经历从公共到私密，或者从特别到日常的转换。你可以从一个雅致的前门进入，经过客厅，然后到达后面的家庭私人使用空间。民用建筑或机构建筑，和这个逻辑是一致的。这些建筑的公共空间被设定在一定区域内，其他部分则属于工作人员区域，一般较为朴实和随意。那么，从城市角度看，日常性构成的当地城市肌理，是公共和民用建筑的背景，由负责供给、防卫和循环的公共基础设施做服务配套。

日常建筑与高档设计是背道而驰的。建筑师可能会尝试用高档设计的手法做日常建筑，但那样造出来的建筑一看就很虚伪。真实是无法被操控的。尽管建筑个体元素的设计取决于其主人和设计师，但是除了整体规划的“分区”以外，建筑整体是不会受外界左右的。当面对着整体，比如威尼斯的一条街道，日本银座，或一个热闹的商业街区，建筑师可能会自叹“这就是我的最高境界了”。

在很多文化里，日常性与特殊性之间有种转换关系。贝多芬用民间曲调作为交响乐的主题，勒·柯布西耶将“视而不见的眼睛”引向了美洲平原上的谷仓升降梯。日常性也有它的学术代言人。比如洛吉耶[1]对原始小屋的再现和杰克逊[2]对现代乡土的定义，还有我们对拉斯维加斯条带（Las Vegas Strip）的分析。

当建筑师用“乡土”（vernacular）这个词的时候，引起的是他们对现代建筑早期的立体主义阶段的共鸣。希腊岛屿和中东村落的模样，让他们想起了毕加索早期的绘画和勒·柯布西耶在 20 世纪 20 至 30 年代之间的建筑。这种与抽象主义的关联，使建筑师认为乡土建筑回避象征主义。但是人类学家指出，尽管乡土建筑看似立体主义，但它们的局部和装饰采用的是族群和社区的象征主义。

我们一眼就可认出象征主义在拉斯维加斯和银座的使用，尽管我们有时忽略了相反的事实——这些建筑的功能也十分严谨。建筑的标志，设计得好像是建筑设备，以特定的方式锁定你的眼睛。

无论是后印象主义艺术家，还是波普主义艺术家，都从日常建筑中获得过灵感。比如摄影师史蒂芬·肖尔[3]所追求的“有意随性”、不动声色和隐藏艺术的艺术（the art that hides art）。他用艺术技巧去强调日常景观的情感特质，虽然表面上不易看出来。

然而，建筑师需要同时考虑功能和表达。尽管不太可能被邀请设计商业带或莱维敦住宅，我们也可以从日常性中去学习，去试图理解它本身的内在关系，以及它同城市和邻里的关系，去探究这些与我们的新建筑是否和谐。

对我们的项目而言，更适合的可能是日常建筑的常规，而不是传统建筑哲学所关注的视角，如普遍性或“结构和材料的真实面目”。在设计时，我们必须意识到客户与我们的价值观之间的相互影响。然而，只要不歪曲问题或激怒客户，建筑师便可以合情合理地寄希望于通过作品艺术地表达自己。在这点上，建筑师和艺术家可以共享“隐藏艺术的艺术”，建筑的

1 Marc-Antoine Laugier（1713—1769），法国耶稣会教士和建筑理论家。他在《建筑论文集》（*Essay on Architecture*）的卷首页使用了他关于原始小屋的绘画。——译者注

2 J. B. Jackson（1909—1996），作家、出版人、景观建筑手绘艺术家，建筑评论家。他对“民俗”建筑视角的广泛认知有着深远影响。——译者注

3 Stephen Shore（1947— ），美国摄影师。他善于捕捉平庸的场景和物体，注重色彩在摄影中的应用。——译者注

保罗 · 西涅克（Paul Signac）《通往让纳维利埃（Gennevilliers）的道路》（1883）

日常性便隐藏了实现它的启示。

在设计的时候，我试图理解项目的语境，理解建筑类型的原型和通用形式。比如儿童绘本和火车模型的景观设置常常显示着通用的建筑和环境，包括学校建筑、火车站、图书馆、公园、主街和商店等。尽管这些都是最传统的模型选样，但是它们能很好地帮设计师表达思想。于是我问自己，我们的建筑类型该如何用这种通用素材去描述呢?

城市规划师相对建筑师而言，有更广泛而非具体控制的职责。如果他们要对日常性的限制进行立法，那么他们必须首先理解城市中公共、私人和民间因素之间的运作方式。而且，规划师需要理解所有参与城市设计和建造的相关利益团体的需求。不论这些人是建筑师与否，规划师都需要与这些人见面交流。因为是这些人，而不是规划师，最终决定建造怎样的环境。为了避免规划对日常性的过分压迫，需要好好计量哪些是应该限制的，哪些是应该放松的。

城市设计师，好比行动派绘画者，应该建立与日常建筑的互动关系。同时，把这种关系纳入城市语境，通过公共建筑和局部基础设施的干预，监测私有部门的反馈，然后再次做出回应。面对日常性，城市设计师尤其应该摒弃“整体设计”[1]的概念。并且他们应该像波普艺术家那样，接受“美国风情的庸俗、乡村景观的颓落和城镇空间的松散”，希望通过感受性和一个轻盈的动作，去“重新发现过于熟悉的事物，并使它凄美、连贯和近乎可爱”。

参考文献

John Brinckerhoff Jackson, Discovering the Vernacular Landscape, New Haven, Yale University Press,1986; and Bernard Rudofsky, Architecture Without Architects, Albuquerque, University of New Mexico Press, 1987.

Stephen Shore, Uncommon Places, The Complete Works, New York, NY: Aperture Foundation Inc., 2004, p. 117.

Robert Venturi, ibid. (dust jacket)

1 total design，指相对于局部设计的以系统整体的分析考量为前提的设计方法，它包括产品、流程、人员和组织。——译者注

Experiment 试验

玛丽－安热·布拉耶尔（Marie-Ange Brayer）
法国策展人与研究员

所谓“激进”建筑的发展，是为了转化 20 世纪 60 年代欧洲的规范性建筑。激进主义建筑师，如奥地利的蓝天组（Coop Himmelb(l)au）、豪斯－拉克尔协作组（Haus-Rucker-co），意大利的阿基佐姆小组（Archizoom）和超级工作室（Superstudio），以及英国的建筑电讯（Archigram）等，通常以集体的形式工作，突破建筑的项目维度，促进其在视觉艺术领域的跨界。从那以来，建筑热衷于被感知为一种概念宣言、一场表演、一个行动。超级工作室创造了“扩展建筑”（expanded architecture）这个词，把建筑项目从规则和法典中解脱出来，从而使其适应社会，成为当下的一部分。建筑“先锋派”始于 60 年代，后来的拥护者们声称，建筑是实验的一种形式。他们摒弃了建设的终极性，从而开创了一个新的认知舞台。建筑作为实验，直接与“环境”的概念挂钩，追求建筑体验的福祉。吉姆·伯恩斯（Jim Burns）在《节肢动物》（*Arthropods*，1971）中盘点了上述激进体验，呼吁以同样方式进行这种“环境中的体验”。这种形式面临着危机。模型和绘图之类的项目工具，伪装成一种批判，伪装成对表达编码的制定。在建筑功能和理性维度的背景下，人们在不断寻找建筑领域和建筑实践的备选功用，同时将建筑师、艺术家和设计师联合起来（读者可参考 1966 年在意大利皮斯托亚举办的展览“Superarchitettura”，或者 1972 年在纽约现代艺术博物馆由激进建筑师和设计师共同参与的展览“New

Domestic Landscape"）。

早在20世纪30年代，弗雷德里克·基斯勒[1]便指出建筑是作用力之间的界面，它是人与自然之间的一种动态的过程，而不是一种形式。李西斯基[2]则提出了"物理动态建筑"（physio-dynamic architecture）的概念。50年代，法国的"情境主义者"（Situationnistes），包括居伊·德波[3]等争辩道，建筑的气氛条件应该是"情境"，而不是"对象"。康斯坦特[4]在《新巴比伦》（*New Babylon*，1958）里设计了第一个行星村。对他而言，建筑是人造的环境，在其中内部和外部可以互相渗透。从那以后，建筑师便开始设法以集体和互动的方式去营造"气氛"。

60年代的激进派把建筑项目转化为城市实验，比如建筑师团队豪斯-拉克尔协作组在维也纳街头所做的充气装置，UFO[5]和超级工作室等团体的表演和装置作品。因此，实验建筑表现为一种干预真实的新方式。同期，克劳德·帕朗[6]和保罗·维希留（Paul Virilio）用"倾斜功能"（oblique function）为"活跃的"建筑辩护，即创造动态机能是建筑本身的权利。索特萨斯[7]在70年代初指出"建筑不再能代表社会形态"，他强调"公共创造力"和感官体验。另外，反构成的理念也意义深远。70年代的*Casabella*杂志[8]是激进理论传播的渠道之一。当时的主编亚历山德罗·门迪尼[9]认为可以取消"'建筑构成'的原有概念"，回归个人，以促进"技术与创造性行动"，从而获得"持续的实验性"。

这些实验行动的共同之处，在于它们都在探索建筑语言，语义的模糊性代替了语言的规范化，就像佛朗哥·拉吉（Franco Raggi）的画一样。

---

1 Frederick Kiesler（1890—1965），奥地利-美国建筑师、理论家、剧院设计师和雕塑家。——译者注
2 El Lissitzky（1890—1941），俄罗斯设计师、摄影师和建筑师。——译者注
3 Guy Debord（1931—1994），法国马克思主义理论家、作家、制片人。他是情境主义国际组织的创始人。——译者注
4 Constant Nieuwenhuys（1920—2005），荷兰艺术家。——译者注
5 成立于1967年的意大利激进建筑社团，主要成员为拉波·比纳齐（Lapo Binazzi）。——译者注
6 Claude Parent（1923—2016），法国建筑师。他的作品以"倾斜的地面"的特色广为人知。这种审美的创造缘于他与哲学家保罗·维希留的共同探索。——译者注
7 Ettore Sottsass（1917—2007），20世纪晚期意大利设计师。——译者注
8 意大利建筑杂志。——译者注
9 Alessandro Mendini（1931—2019），意大利设计师和建筑师。他在意大利设计的发展中有着重要作用，为*Casabella*，*Domus*等杂志工作过。——译者注

这些实验同时也强调了身体的物性。因此，充气装置实验本身是一种移动的建筑，其唯一的基础是不断处于动态变化中的身体。在美国，安和劳伦斯·哈普林[1]组织了一场建筑师和舞者的工作坊，他们通过身体对物理空间进行试验（“环境中的试验工作坊”，旧金山，1968）。来自西海岸的蚂蚁农场（Ant Farm）用媒体的方式去解读建筑。他们设想了几个情景，然后上演了一场名为“媒体燃烧”（*Media Burn*，1974）的表演，抨击了“媒体图像代表真实”。“建筑不是一种外来概念，它更像是梦幻与真实的融合界面，处于你和你的生活之间。”（奇普·洛德[2]，蚂蚁农场）。与此相似，科技同样具备实验、社会与政治的价值。它在建筑中的应用，都具有短暂性和过渡性的特征。蓝天组 1967 年完成“玫瑰别墅”（*Villa Rosa*），在观众的体验空间内，置入科技设备和 PVC 集成气泡装置，以强化心理感官的空间体验。正如汉斯·霍莱茵[3]在 1963 年所说的，“一切都是建筑”。

这种方式的核心，实际上是事件概念。它缺乏形而上学，批判任何超验形式。建筑电讯的“速生城市”（*Instant City*，1969），虽然是一种不存在的城市，但它是一种独特的通量向量，或者叫信息网络。某些建筑概念，只在短期内活跃，就像 60 年代弗里德里希·圣弗洛里安（Friedrich St.Florian）的“想象建筑”（imaginary architectures）。只有当有人居住的时候，它们才会被发现。当彼得·埃森曼[4]提出“摇滚音乐会是建筑唯一的形式，因为它是一种崭新的与观众融合的媒体环境”时，我们不由想起建筑电讯。当伊东丰雄提出“我们应该以永久装置的态度去建造虚构性建筑和短暂性建筑”时，我们会不由想起迪勒 + 斯科菲迪奥[5]的创作“模糊”（*Blur*，2002，瑞士）。它作为一种建筑云，是名副其实的模糊机构和建筑轮廓的“气氛机器”。建筑互换的维度，即物理和生物心理维

---

1 Lawrence Halprin（1916—2009），美国景观建筑师、设计师和教育家。他的妻子安·哈普林（Anna Halprin）是先锋派舞蹈家。——译者注

2 Chip Lord（1944— ），美国媒体艺术家，名誉教授。——译者注

3 Hans Hollein（1934—2014），奥地利建筑师和设计师。他是后现代主义的重要代表建筑师。——译者注

4 Peter Eisenman（1932— ），美国著名建筑师。他被称为后现代时期的解构主义大师。——译者注

5 Diller+Scofidio，美国纽约跨学科设计工作室，作品主要包括建筑、视觉艺术和表演艺术。——译者注

度，早在瑞纳 · 班纳姆[1]的著作《锤炼环境的建筑》（*The Architecture of the Well-Tempered Environment*，1969）中出现过。法国，菲利普·拉姆（Philippe Rahm）事务所的作品体现了这种维度关系。在菲利普看来，建筑是一根能量梁，一种由空气和颗粒等组成的材料，它没有任何形式和功能的先决因素。观点如出一辙的迪迪埃 · 福斯蒂诺[2]脱离了形式和文体的问题，而设想建筑是一种对现实批判性区分的方法。他认为建筑是一种仪器，可以让我们"重获物理世界的意识"，即建筑应力求成为人与环境之间的一种动态界面。

60 年代末，彼得 · 埃森曼也开始将建筑设计作为一种概念创作去探索。他钻研于绘图和模型等表达工具，并通过建筑作品去柔化它们的边界。埃森曼的形态设计和结构手法，挑战了建筑概念的身份和表达。80 年代，解构主义运动走向建筑的叙事性解构，代表作品有由伯纳德 · 屈米[3]在巴黎建造的拉维列特公园（*Parc de la Villette*，1983）。屈米把建筑进行形式和语义的分离，叙述建筑的真实过程。他在《曼哈顿手稿》（*Manhattan Transcripts*，1983）中对"事件建筑"进行辩护，其内容跨越了文学、电影和哲学领域。同样，蓝天组的闭眼设计"开放屋"（*Open House*，1982），投射出他们的潜意识里，为迎合事件的维度，而将建筑从项目中解放出来的想法。

现在的研究应用了大量数值工具，探讨概念和生产模式之间的水平度。超验图像和表达图像，已经不复存在。遗传算法、密码和参数计算的登场，把建筑引向遗传学和生物技术的舞台。这些都是互动的概念，是形式多变性的概念。伯纳德 · 凯什（Bernard Cache，Objectile 事务所）和 SERVO 事务所就是这个领域的代表。由计算机数控机器（CNC machines）生产的建筑（模型、原型、建造零件）是精确制造条件的实现，

1 Reyner Banham（1922—1988），英国著名建筑评论家。他的理论著作广为人知，比如《第一机械时代的理论与设计》（*Theory and Design in the First Machine Age*，1960）和《洛杉矶：四种生态学的建筑》（*Los Angeles: The Architecture of Four Ecologies*，1971）。——译者注

2 Didier Faustino（1968— ），法国当代艺术家，作品形式多样，跨越艺术与建筑的边界。——译者注

3 Bernard Tschumi（1944— ），瑞士著名建筑师、作家和教育家。他被认为是解构主义大师。——译者注

它是计算模式的可视化成果。这些过程的水平化，大概是基于新的机器化程序和快速制作模型而设计的机器。建筑通过认知方法，去探索差异化的空间。建筑不再是一种静态的物，而是一种动态和变化的环境。吉尔·德勒兹[1]在《褶子》（*Le Pli*，1988）里就预计到这种建筑的认知转变："物的新角色使其不再服从某种专用模式，也就是说，它不再与某种物理形式相关联，而与时间变换相关联，这种变换包括物的不断变化和形式的不断发展。"[2]

因此，空间取决于认知，而不再是20世纪60年代激进项目的那种诠释。那个时代的激进项目，通过事件的维度，迎合当下空间的实例化，导致形式的消失。当下的动态体系脱离了参考指标的概念。实验建筑不再是模仿，而是在探索自身的创造过程，通过其内在过程去启发其发展。实验建筑大致可以描述为处于一种"气态"，就是说它对环境有着渗透性。21世纪初的实验建筑，被认为是一种弹性膜和智能空间，一种信息资源。它可以适应城市空间，并具有隐喻性。建筑常喜欢自诩为"生态系统"，它是物理、社会和政治环境的代谢交流的发动机。实验建筑的大冒险是它转变现实的表现力。

---

1 Gilles Deleuze（1925—1995），法国哲学家，代表作有《资本主义与精神分裂症》（*Capitalism and Schizophrenia: Anti-Oedipus*，1972）和《千高原》（*A Thousand Plateaus*，1980）。——译者注

2 《福柯·褶子》，湖南文艺出版社，2001，174页。——译者注

Formalism 形式主义

马克·特雷布（Marc Treib）
美国加利福尼亚大学建筑学名誉教授

我们觉察到的是形式，而不是过程或意愿。如果形式是意愿和过程的外形，那么形式至少不是没有意义的。形式，影响我们的居住、思考和行为。形式是基础，特别是当我们认为空间是形式的一个必不可少的副产品时，而空间的必要性可能超越了形式本身。我们确实居住于形式内，但我们更是居住于空间内。孤立地看问题，会觉得形式的价值很有限，虽然也有例外。

毫无疑问，我们喜欢漂亮的形式。但是，这种喜欢，有文化和时间的局限性。对于中世纪教堂的建造者来说，哥特式风格所表达的对宗教的狂热和提升人民精神信仰的渴望，远高于教堂的穹顶。对于文艺复兴时期的建造者而言，由于他们深受古希腊和古罗马文化影响，哥特式成为贬义词，哥特人则被视为蒙昧的异教徒。他们相信恰当的模型应该是来自更加优雅和礼貌的先进文明。人们对美的感知是相对的，随时间、国家和文化而变化。形式的意义，也同样随着时间和文明而变化。至关重要的是，形式需要在审美之上反映社会价值观。美国画家本·沙恩[1]曾描述形式是“内容的形态”。我认为，形式应该是

1　Ben Shahn（1898—1969），立陶宛裔美国艺术家。他的现实主义作品被广泛认知。——译者注

我们设计的内容，而不仅仅是形态。

形式主义，重形态而轻内容。我们如今生活在一个极度形式主义的时代。形式，是营销和设计的主要工作对象。我们知道的很多建筑师，他们的作品甚少或几乎没有表现出对环境和社会的责任意识或关怀。他们力图追求表现改革、新奇和夸张的外表。零散的建筑、倾斜的墙壁和露珠般的流线体，它们的存在仅仅是因为它们可以存在，甚至现在通过电脑的帮助，那些形式变得更加容易实现。这是一个特效的世界，就像动作片一样，通过场面的宏大来吸引观众眼球，实际在重复同一个故事。建筑师必须通过新颖的材料或表皮使观众惊叹；而观众会因建筑复杂度和技艺的精湛而感到震撼。我们似乎不太关心内容，反而更在意外表。这与弗兰克·劳埃德·赖特[1]所认为的建筑的精髓是背道而驰的。建筑师可以把空间形式化处理，但这在从前是让建筑师感到内疚的一种罪行。无论如何，我更提倡把空间的关注放在它与日常生活的关系上，这远比放在形式上要更合适。

很多建筑受到媒体关注，都是因为它们的外表。这可能是因为某种先入为主的视觉，或是因为是在电脑显示屏上看建筑。我们对建筑的空间体验通常是从建筑底层，而不是从空中高层开始的。建筑的高空胜景在底层是无法感知的。我们把丹佛美术馆（丹尼尔·李伯斯金）的模型，和建筑两条较短边的立面或者室内大空间中的场景进行比较，便可揭示俯瞰建筑模型和从人眼视角观看建筑的不同之处。像这样的建筑物还有一些其他问题，比如说它们与周围环境和城市不融合，建筑显得孤立、不规则，室内平面难以布置，不易延展，等等。很多的建筑室内空间，都是因为建筑师对建筑外观效果的追求而形成。它们常常只有一个突兀的天花板，很不好用。但是，我们也不得不承认，还是有些形式至上的建筑确实是与众不同的。比如像俄亥俄州克利夫兰的刘易斯管理学院（Lewis Management School）的前厅（弗兰克·盖里，2002）那样的空间，确实让人感到十分震撼。这说明，就像中世纪教堂一样，特殊的构造还是有用武之地的。问题是，在我们的时代，不论是公共还是私人客户，有多少能当得起特殊形

1 Frank Lloyd Wright（1867—1959），美国著名建筑师、室内设计师、作家、教育家。——译者注

式的款待呢?

即使不是大多数，许多建筑还是表现出空间的最佳平衡感，满足使用者的需求。圣索菲亚大教堂或沙特尔教堂的宏伟空间，朗香教堂和流水别墅的私密空间，都体现着外表与内在的平衡关系，同时也是形式复杂性与经验复杂性的平衡。路易斯·康（Louis Kahn）在得克萨斯州沃思堡的金贝尔艺术博物馆[1]的设计中，纯熟地把握了严谨的秩序和现代主义空间感受之间的关系。他创造出一个看似简单，但随时间沉淀而愈感丰富的建筑。17世纪京都郊外的桂离宫（Katsura Villa），是“简约形式／丰富体验”建筑的代表。建筑的框架是由纸板、宣纸和榻榻米填充的十字木框结构。建筑模数大约是三英尺乘六英尺，连续地向水平和垂直方向展开。因此，这个建筑的外表显得十分简单和中庸，尽管它的细节和工艺相当复杂精湛。桂离宫的内部空间充满了流线动感。由于梭门的采用，所有空间变得可以流动。静止的空间在这里是不存在的。平衡，创造了安宁的整体感。它是一幢有生命的建筑。以议事屏风板作为空间围合的方式，使得室内景观时而被隔断，时而自成一体。尽管建筑框架是相对死板的，但建筑空间是灵活的。

我们与其认为“形式乃神造”，不如更认真地思考究竟什么是内容，它的形式和空间是什么，它与环境和社会的关系是否融洽。建筑虽不易，但我们需要回归建筑智慧，以整体的角度看待事物。我们需要思考如何能让地球、自然环境、城市和社会因素更多地进入设计师的意识里。形式决定着结局。形式主义所决定的结局将具有更大分量。就像漫画书里的那些超级英雄，他们的超能力，时常非为善使，即为恶用。

1　Kimbell Art Museum，也译为“肯贝尔艺术博物馆”。原文为 Kimball Museum。——译者注

朱塞佩·萨马蒂诺（Giuseppe Sammartino）《裹纱的耶稣基督》（1753）
Printed by kind permission of Cappella Sansevero, via Francesco De Sanctis 19 in Napels

Future 未来[1]

汉斯·乌尔里希·奥布里斯特（小汉斯，Hans Ulrich Obrist）
英国/德国，策展人/作家

丹尼尔·伯恩鲍姆(Daniel Birnbaum)曾说:“如果未来真的能被‘更聪明的人’预见，那么我们不会如此留恋过去。”但是，他通过纳博科夫（Nabakov）认识到：“未来并不是现实，它只是一些想法罢了。”所以，对我而言，任何试图预知未来之说，既是为了激发对过往的反思，也是为了改进当下的生活。依照这个思路，在我展开谈论艺术、展览、传播和写作的未来趋势之前，我想以退为进，先讲讲几位追溯过去题材的艺术家。在20世纪60年代，作为波普主义艺术的典范，利希滕斯坦（Lichtenstein）的创作跨越了抽象表现主义绘画；在那之前，立体主义跨越了原始主义。简言之，我们或许可以简单地认同杜尚（Duchamp）的观点，即艺术最终是场在现在、过去和未来之间不断斗争的游戏。在这个模式中，唯一持续的是变化本身：这是长期交流后的历史视野；历史的真相永远在原地（*in situ*）。

那么未来到底是什么？首先我们要强调，关于未来的愿景包罗万象。它随时间而推移和演变。换句话说，未来既是变数，也是复数。我们可以认为，从60年代晚期开始，艺术界开启了一个拥有多样的未来、推崇相对主义和不断交流的时代。如果想尝试给这些活动下一个权威

1　原文写于2007年，作者为本书中文版更新此文于2015年。——译者注

性的结论，显然是无可救药的幼稚。确实，我很怀疑能做这种结论的可能性，甚至没人会有欲望去做任何结论。所以，这里我列举几个最明显的趋势。60 年代末著名的马歇尔 · 麦克卢汉（Marshall McLuhan）的媒体理论，唤醒了一个对未来乌托邦的愿景——地球村。类似的还有稍小众化的，如 70 年代基恩 · 杨卜德（Gene Youngblood）的《延展影院》（*Expanded Cinema*），阐述了电视作为一种解放性论坛，与观众链接和互动。他写道："我们显然进入到一种崭新的视频环境和图像交流的生活方式。视频会改变人的想法和所居住的建筑。"这些当时的情绪，很大程度上触发了"激浪派"（Fluxus）运动和像白南准（Nam June Paik）那样的第一代视频艺术家。

艺术家丽塔·麦克布莱德（Rita McBride）在 2004 年出版的《未来之路》（*Futureways*）一书中，收集了十几个艺术家、策展人和作家的关于未来艺术的短篇小说。这些作品很能说明问题。大多数小说涉及双年展和三年展，尽管并未提及艺术交易，但这本书出版后几年内此类展览的迅速增长可算作明证。书中许多作者反对以西方文化为中心的观点，而更多看向中国和日本，还有科幻外太空的艺术（这种视野与如今无数向俄罗斯、亚洲、中东、非洲、南美和其他地区的文化扩张现实是一致的）。还有一些人提出的观点更为有趣，他们认为未来艺术将是一些数据编纂。劳拉 · 科廷厄姆（Laura Cottingham）在她虚构的 2199 年的文章中写道："尽管现在我们已经知道，最有可能垂世芳古的艺术是那些非有形的艺术，比如文字、舞蹈和音乐。换句话说，20 世纪是最后一个坚信永久性艺术的时代。"科廷厄姆称 20 世纪是"把握的世纪"，她驳斥"虚情假意的永久性"和物大于思想的拜物教退化。

科廷厄姆的预见，与 60 年代观念艺术的传统，以及信息、知识产权和系统分析的优先化不谋而合，并且在 90 年代由计算机程序员理查德 · 斯托曼（Richard Stallman）和 Linux 的发明者林纳斯 · 托瓦兹（Linus Torvalds）发起的开放源码运动中有所应验。这便是病毒式 P2P 界面和用户引导应用的未来。它正通过维基百科（Wikipedia）和优兔（Youtube）一类的媒体工具在不断传播。从高端的经济体系和人为的入围门槛机制去推测艺术界的发展，可以看到艺术对时代的适应在过去是相对较慢的。但是随着音乐和影视工业的发展，艺术的适应和转变，极有可能只是时间的问题。所以，我们的未来是数据分享，是艺术制度体系的重新定位，甚至重新创造，以维护其本身的文化角色。

多丽丝·莱辛（Doris Lessing）认为未来没有博物馆。这并不是说她完全反对这些机构，而是说她担心这些机构因为太过在意历史的材料本身，而无法将历史的意义传至未来。她 1999 年出版的《玛拉和丹恩》（*Mara and Dann*），讲的是后冰河时代生命灭绝的北半球的未来千年。故事的主人公们长期被困在地球的另一端，他们踏上去往这片荒凉大地（北半球）的旅程。面对眼前的欧洲文化遗迹，他们不知所措。他们也无法理解这里腐朽的工业品和被埋没的城市废墟。虽然这个作品是虚构小说，但是莱辛仍然无形地表达了“我们所有的文化都十分脆弱”的观点。她认为文化越是依赖于复杂的机械，越是容易发生突然或终极性崩溃。莱辛独有建树的观点，催促着我们停下来重新思考我们的语言和文化系统的能力，提倡更广泛地对外提供信息和知识。她认为实用的交流方式是通向未来之路。就好像在 70 年代美国国家航空航天局（NASA）把装着新闻剪报、图像等物品的时间胶囊存储到外太空。这成为了外星生命可能了解人类的途径。

与多丽丝·莱辛有关，也和这次《纽约客》(*New Yorker*)的聚会相关，我对会议如何成为知识生产新形式的催化剂非常感兴趣。在 70 年代早期，波兰作家史坦尼斯劳·莱姆（Stanislaw Lem）同样很关心这个议题。他在 1971 年出版的《未来学大会》（*The Futurological Congress*）中写到关于未来的约定。他说论文写作要考虑阅读亲和力，比如像应用 13、22、831 一类的数字语言，而非口语化语言。因此，以往的语言和词汇，将被一些合适的形式所代替。莱姆对知识的形成有一种流动的愿景：在全球的汇聚和分散语境中，他认为信息分享和开发新的交流模式是未来之势。

我的愿景和莱姆的有相似之处。我认为那些未来的会议，会更少地记录已认知的观点，而更多地讨论生产真相。比如，2006 年在蛇形画廊，我们在由库哈斯、塞西尔·贝尔蒙德（Cecil Balmond）和 ARUP 设计的亭阁中，举行了两场马拉松访谈。库哈斯热衷于建造一个“有内容的建筑”，他希望设计的亭阁能服务于在其中举行的对话、讨论和活动事件。“马拉松”自然地拓展了他的这个愿景。第一场马拉松是一个 24 小时的活动，库哈斯和我采访了 70 名观众，旨在以交谈的方式记录当下伦敦的景况；第二场马拉松持续了 12 小时，围绕着艺术、权力和金钱的主题展开讨论。马拉松活动强调了城市或当代艺术综合图像的可能性和非可能性。它试图将这些话题的可见和不可见之处绘成地图。这种方式可以给视觉艺术、建筑、文学和音乐提供激进的试验模式，成为联系起它们的方式。而从莱辛的角度，她希望这些方式能为当今文化出品人在物质性成果以外提供信息补充，以帮助不熟悉他们作品的人。至少，如艾瑞克·霍布斯鲍姆[1]所说，这种方式是对忘却的抗议。

我对欧洲和北美轴线以外的文化创新也深感兴趣。和艺术评论家侯翰如一起策展的“城市进行时”（Cities on the Move），是我在这方面最早的全面实践。展览关注于亚洲大都市，1997 年在维也纳向公众开放。之后的两年在欧洲的好几个城市巡展，最后在泰国展出并掀起高潮。这个展览非常重要的一点是，展览每到一站，都做了因地制宜的调整，并与亚洲和西方主要建筑师们合作，比如与奥雷·舍人（Ola Sheeren）和坂茂。2006 年，我们在伦敦南岸的历史建筑巴特西电厂（Battersea Power Station）做了另一个展览——“中国电厂”。这个展览汇聚了几十个当今在中国工作的、最年轻有为的影像和电影艺术家，包括杨福东、曹斐、徐震和张永和等。在展览中，我们把移动影像作品投射在电厂最黑最潮湿的室内墙壁上。次年，展览在奥斯陆展出，之后再巡回到北京展出。

德国作家英戈·尼尔曼（Ingo Niermann）曾提出关于德国未来的十种场景。展览“无论何时开始都是正确的时间——间断性未来之战略”（Whenever It Starts It Is The Right Time—strategies for a discontinuous future）在德国法兰克福艺术协会（Frankfurt

1 Eric Hobsbawm（1917—2012），英国马克思主义历史学家，代表作共三卷，自称“漫长的 19 世纪”（long 19th century）系列，包括《革命的年代：欧洲 1789—1848 年》（*The Age of Revolution: Europe 1789-1848*）、《资本的年代：1848—1875》（*The Age of Capital: 1848-1875*）和《帝国的年代：1874—1914》（*The Age of Empire: 1875-1914*）。——译者注

Kunstverein）拉开帷幕，讨论了希腊哲学家科尼利厄斯·卡斯托里亚迪斯（Cornelius Castoriadis）的“制定想象力”的观念和乌托邦的过时概念。展览定位为小型展而非群展，邀请了二十几位艺术家，请他们结合前卫传统，为艺术家和艺术机构的思想、感觉、反馈和交流提出新的范畴。这种方式是一种未来机构，和一种潜在的新工作方法。

我在自己的工作中，也更多地思考对未来的愿景。在过去的几年间，我调研了一些艺术家、建筑师、设计师、历史学家和哲学家对未来的看法。为了对未来有更具体的概念，我联系了现在住在曼哈顿的英国艺术家利亚姆·吉利克（Liam Gillick）。吉利克主要的艺术实践包括情景设计、艺术创作、写作和策展。他 2004 年翻译且更新了《未来历史的碎片》（*Fragments of Future Histories*）的英文再版。这本书原是法国社会学家加布里埃尔·塔尔德（Gabriel Tarde）1896 年所作。塔尔德通过仿制和创新的循环反馈，趣味无穷地谈论了未来的发展。

最后，我想分享一个正在进行中的“公式清单”项目。它的工作名称是“非等式：真实之路”（Out of Equation：Roads to Reality），受到罗杰·彭罗斯（Roger Penrose）2004 年出版的开世之作《真实之路：宇宙真相指南》（*Roads to Reality：A complete guide to the laws of the universe*）的启发。这个项目试图观察一些当代思想家的思想，当然项目方法本身有一定局限性。这种汇编方式不可能预知未来，但比那些困扰创意过程的媒体报道和新闻发布要更有价值。它好比一支投射到思想家的思考过程中的光束，至少能揭示一些微未来（micro-futures）的构成。我相信，如果我们渴望理解未来，这些视野都是必须要了解的。正如道格拉斯·戈登（Douglas Gordon）所说，一切才刚刚开始。

德克莱朗博（Gaëtan Gatian de Clérambault）《织物研究》（摩洛哥，1918—1934）

Globalization 全球化

卡斯滕・陶（Carsten Thau）
丹麦皇家美术学院（Royal Danish Academy of Fine Arts）建筑理论与历史教授

科技、经济和政策，常被认为是现代化的三大支柱。20 世纪 20 至 30 年代之间的现代建筑运动的主角们，曾试图整合这三个方面去改革西方社会。他们至少在原则上，是希望与社会进步运动和执政党在同一条线上的。然而，形而上的整体和统一的理念，使他们在审美和社会层面上，对社会的同质性过于理想化。这导致在推进启蒙运动的进程中，埋下了极权主义的种子。但是，他们理解如何在社会语境和目标下，进行建筑设计和城市的物理性规划，因此也收获颇深。与这个过程同时发生的，是三大支柱的分裂。在全球化的过程中，政策崩溃的同时使科技和经济越发凸显其对社会发展的负面作用。全世界范围内，有一些国家仍保持着透明的权威机构、议会制、出版自由和少数民族的法律保障。但是，在全球尺度上，政治机构相对落后甚远，并且似乎无法面对当今的挑战。与此同时，贫民窟、院墙社区等负面地影响了城市公共空间，使城市社区邻里两极分化，充斥着恐惧感。公共空间的减少，是因为基础设施薄弱或“贝卢斯科尼主义”[1]（金钱控制大众媒体）的作祟。由于这些因素导致了史无前例的对社会自然基础的严重破坏。它的形式有战争、经济危机、社会动荡等。由于我们

1 Berlusconianism，意大利前总理贝卢斯科尼的政治行动所表现出的政治与媒体间关系的价值观和规则。——译者注

对全球政策发展的落后相对其他决定我们生活的因素而无能为力，许多观察者指出，人类很不幸地缺乏对自身活动总效应的理解。政策的恶化，不只是因为缺乏基于国际文化理想的强有力的国际机构，还因为宗教狂热对公民社会的影响和对政治议题的干涉。而美国的帝国主义民主制度，到头来以军事介入去改变世界上的穆斯林群众，制造了仇恨和恐怖主义。

在改革主义建筑师的早期信仰中，历史好像一条走向进步与启蒙的河流。然而现在，这种信仰已被三角洲的画面所替代，很多本地支流涌向不同方向，有的甚至是向后退。这个事实，对于两次世界大战之间一些国家的英雄改革主义建筑师，特别是现代福利社会斯堪的纳维亚的建筑大师来说，是很难接受的。而发达国家的当代建筑师们，似乎从 20 世纪 80 年代开始，就认为他们的职业只不过是另一种“工作”，有些甚至庆幸自己从过时的英雄时代的社会参与中解脱了出来。这些建筑师认为当下是一个有趣的复杂局面，是一个开放的、不透明的、迷人与繁荣的时代。如今，个人存在感很微弱，便利才是一切所向。这种便利，大概是卡尔·马克思描述的“资本的伟大文明作用”中的一部分。社会上确实有些机构很有组织力，他们实现了经济增长、知识生产和企业间社会关系的建立与合作。但是，还有很多其他机构，仍是一团乱麻。由于全球发展的波动性和不公平性，我们现在还只是部分地意识到，世界上其他地区发生的事情将会影响我们共同的未来。拥有世界 40% 人口的中国和印度，是当今最大的新兴经济体。如果他们不惜破坏自己的生态环境，为世界市场制造廉价产品，将会对我们每个人造成破坏性的影响。尽管如此，我们也不大可能去指挥中国和印度对原始材料和资源的使用进行管制，除非我们自己亲自去生产。

网络社交与城市密度促进了大众旅游和大众交流的国际化，这使得全球化超越了我们通常所能理解的范畴。我们已经没有退路，因为这一切都与经济驱动力紧密相连，也因为我们都认同“全球化”的理念。我们现在的全球化挑战是环境恶化、货币滞涨、恐怖主义、全球变暖、全球流行病和社会动荡等问题。造成它们的原因众多，包括极端的气候条件、全球化犯罪网络、大规模生物多样性的破坏、人口迁移、为争夺自然资源而壮大的军事力量和贪污受贿等客观事实。美国和欧洲，不可能单方面对这些问题找出答案，或提出解决方法。更何况，美国和欧洲自己的人口和社会问题还未能得到解决。

如今社会关系和社会合作等知识，都变成了商品。建筑师在这方面有很多的经验，他们应该带着反对新自由主义（neo-liberalism）社会工程学的批判视角去参与社会的发展。最重要的是，建筑师应该致力于寻找上述问题的解决方案。世界人民很快将会要求自己国家的政客们以国际化水平去解决问题，建筑师也就不会再被扣上理想主义的帽子（“理想主义”是过去人们通常对建筑师的理解）。在城市规划领域，建筑师可以致力于减缓公共空间的消失，扭转发展中国家超大型城市贫富两极分化的趋势。在能源政策方向上，西方发达国家城市的那种惯有交通模式，是不可持续的。建筑师可以对西方发达国家的城市蔓延问题进行思考并寻找解决方案。

很多专家都认为 2007 年是石油生产的顶峰，此后的石油生产将会下滑，任何形式的生产都不太可能满足人们急剧增长的需求。2007 年也是城市人口首次超出农村人口。这一年，全世界数以百万的人体验到自然灾害，或者意识到极端气候的存在。记得几年前，CNN 电台组织了一次辩论会，热线连接了美国的老布什和俄罗斯的米哈伊尔 · 戈尔巴乔夫进行对话。他们所在的城市以及电台所在的城市之间，隔着若干个时区。电台持续不断地收到不同国家不同时区观众发来的实时邮件和问题。对于这个事件，如一个德国记者所说：“世界变得透明了。”这至少在一些层面上，说明世界的距离已经消失。它同时也意味着地球正在缩小。19 世纪 50 年代的水晶宫是第一座有代表性的建筑，随后很多国家的首都纷纷举办了世博会。现在，广义上的室内世界博览是“万维网”。此时，我们才意识到巴克敏斯特 · 富勒[1]的格言——“地球是一个绿色的自给飞船，在众多的荒芜行星中飞行”的真实意义：我们应该认真地呵护地球。除去个人因素，我认为全球化的挑战之一，是如何把握“整体”这把双刃剑。我们一方面感谢流动性和全球化社会构想的实施，因为没有人想要孤立地存在；另一方面，就大多数案例而言，全球化的发生走向了游艇俱乐部和利基市场的

1　Buckminster Fuller（1895—1983），美国建筑师、系统理论家、作家。——译者注

反面。廉价航空公司使大众旅游变得平民化。它确实让人们开始更方便地去体验世界各地的文化，然而也引发了新的问题。旅行开阔眼界，是人类文明的一个过程。旅行，也导致了最快的二氧化碳排放增长。气候专家在BBC电台的“世界服务”栏目中说到，旅游业不仅是经济增长最快的行业，同时也是摧毁地球的主要祸源。2007年以前全球年均旅行达20亿人次，2008年将进一步增长5亿人次。现在，全世界到处都在大量兴建酒店。中国的市场一片火热，而且中国人旅游将成为最大的旅游业资源。以前不怎么出门旅游的亚洲人，现在也开始全世界旅行。因此，不容置疑，旅游业会加剧气候变化的效应。有个旅行社很讽刺地说过：“全球变暖会使以前很热门的度假胜地不再是旅游热土。”那么作为游客，我们该怎么做呢？首先，我们要发展短距离旅行的轨道交通。其次，建筑是一个关键行业，特别是涉及对材料和资源的使用和滥用方面的控制。无论建筑师、规划师和工程师影响力的大小，大家都要面对挑战，并致力于服务大众。传统的人文主义建筑师，需要发挥自己对日常生活的敏感度，同时把视野放得再宽一些，随机应变，避免变成“技术专家”。

在当今经济竞争的国际文化背景下，明星建筑师的效应十分显著。明星建筑师们在世界主要城市创作了卓越的作品和壮观的摩天建筑，以此打造城市品牌形象。这样的建筑师中，有一些成就于20世纪80年代。那个时候的建筑理论，强调建筑师的审美权威，或者建筑师作为自主艺术作品创造者的角色。这种认知，加上工艺的发展，丰富了建筑语言的活力和灵活性。60年代和70年代的人文主义建筑师所提倡的环境意识，现在显然失去势头。当时社会上禁欲主义和道德监管的大环境，特别是在斯堪的纳维亚国家，是影响那个时代建筑理想的主要原因。

由于20世纪意识形态的胜利者既不是传统的社会主义，也不是保守主义或自由主义，而是大众消费主义；因此，建筑必须保持“吸引力”，但不一定要是庄严华丽的。应对当下最必要的策略，是把当代建筑的审美和艺术张力与人性化设计结合起来。现代社会的便利和科学技术资源，应成为帮助我们实现文化多样性和保持建筑自主性的设计工具。

Humanism 人文主义

卡特琳娜·加布里埃尔松（Catharina Gabrielsson）
瑞典，建筑师 / 评论家

人文主义的概念中包含着一种天真，使人无法相信其中有问题和危险的存在。这在建筑里显得格外分明。我们大部分人认同的人文主义建筑，是优秀的、仁慈的和有意义的建筑。它致力于社会的真诚、平等与合理。人文主义建筑，不仅服务于私人委任的特殊需求，还服务于公共和社会整体。因为人文主义的概念，涉及过去与现在的形式和理想，所以“扩展”是空间性的，也是时间性的。为了捍卫人类价值，人文主义甚至扩展到未来，就像类似而含糊的“可持续”概念一样。

建筑的人文精神，使建筑比物更广阔。它让建筑的场地秩序变得万能与永续。人文主义，是建筑区别于其他实用学科的原因所在。它与科技或高端商业公司的工业品是不一样的。它让建筑成为一种知识的形式，一种无形的价值观的实践。简言之，作为人性的人文主义，是一种“艺术”。

那么，人文主义为什么会成为一个问题呢？建筑人文主义不应被保护吗？尽管现实中有人目光短浅有人自私贪婪，它不是有意识或无意识地为人们服务吗？人文精神的概念，把建筑与所有和人性、时间、空间相关的学科，如哲学、历史和地理，置于一个共同基础之上。但在另一个层面上，人文主义使建筑脱离其他知识领域，这是因为建筑文化（在先决实用性下）常常不太在乎问索和批判。但是问索和批判，在其他知识领域是很常见的。如果说哲学的基础是求索人性的本真，那么建筑则倾向于视大多数哲学概念为理所当然，并把它们用作积木，借以搭建自己的规则。人性价值观的应用使实践正当化。对人文建筑的呼吁基本上体现一种反射性思维。它们好比灵活的砂浆腻子，用来修补摇晃的建筑基础上的漏洞。

从词的表面看，人文主义似乎与人类的本质有关，指某种生活方式和对自然和社会的理解。在传统的历史著作中，人文主义形成于文艺复兴时期，标志着现代主体的萌芽。现代主体被认为是积极和理性的。人文主义标志着对个人的一种新的认知。它脱离了神秘、宗教和传统的束缚。因此，人文主义与个人化和理性化相关，且是后者的先决条件。人文主义之所以区别于其他历史主题，是因为它强调道德。人文主义总是提前设定了“非人文”的含义，即与善良相悖的言行。人文主义对是非道德有明确的划分，它的核心是对人的定义，反对人性向恶的存在。所以，人文主义忽略了人有各式的想法和做事的方式，也忽略了人本身和社会可能存在一些有破坏性的想法和行为。对这个概念理想化的定义，并不是为了求索人性的本质，而是在回避一些会引起不适的事实，即人的各种可能性。

如果说建筑是积极的，人文主义意味着空间划分、权力象征和功能设计都是可以从同一个坚实的平台上衍生出来的技术。它表示道德是先于建筑而存在的，是永恒不变的共同价值观的基础。这意味着，相信存在一种本质上的“人性”范畴，是超越了性别、阶级、种族、个人喜好、教育水平和其他社会因素的。这种信仰，就像我前面所说的，对它最好的理解是认为它是一种“天真”。但正是这种“天真”，使建筑逃避于认知自己的各种潜力和责任，即建筑是社会的生产力量。“天真”使建筑区别于其他更关注当下条件、特定空间和时间，而非永恒价值观的“人文”。矛盾的是，正是对人文主义的天真信仰，使得建筑有别于艺术。艺术学科总是不断地问索自身的正当性、身份、道德和发展方式。

深度阅读人文主义在历史上的概念，会发现它的核心是自我矛盾的。乔瓦尼·皮科·德拉·米兰多拉[1]在《论人的尊严》（*Oratio de hominis*

1 Giovanni Pico della Mirandola（1463—1494），意大利文艺复兴时期的贵族和哲学家。——译者注

dignitate，1488）中阐述的人文主义，不是基于一个完全向善的人性本初，而是随自由而产生的责任和苦恼（就像自由的概念一样）。米兰多拉在神学框架内的争辩，指出人作为上帝创造的宇宙的核心，已经脱离了宇宙本身。所以，我们不得不反思，用自己的判断去选择我们想要成为的自己。但是，就像其他概念一样，人文概念最核心的固有深度似乎已然消失。与“人”的概念类似，这种有争议的洞见与一种力量交锋，后者否认事物的复杂性。米歇尔·福柯[1]在作品中明确提到这种“力量”。他的《词与物》（*Les mots et les choses*，1966）揭露了由“现象学方法”所奠定的西方思维的知识体系。这种方法“赋予意向主体以绝对的优先权，赋予主体活动以建构性的作用，并将主体观点置于一切史实性的原点之上，以致陷入先验意识之中”。福柯试图把对科学的理解，重新转化为话语实践的理论。他认为不存在所谓本质上的人类主体，去充当同样本质的、客观的现实世界的知识基础。我们的存在没有这样的基础。我们所有的，只是争论、分歧、和解和信服，是一种由学习和实践的领域分化而形成学科的过程。所以，人文主义可以被视为是吸收了同质西方信仰的产物。这种西方信仰是现象学的，因为它认为人们的感知体验和思维模式是一种普世而牢固的知识基础；它同时又是先验的，因为它依赖于外来元素（如上帝、理性或自然）去证明其存在。而且，无论上帝存在与否，这种认知论从根本上都被认为是积极的。它被用来描述永续的人文品质，其模糊的概念掩盖了一个根本事实，即道德总是话语的一部分。

人文主义还有另一种更贴切的诠释，是通过对自我和世界的关系去认知自己的行为。人与人之间的关系，我们的思想和行为，是我们理解人的定义的基础。建筑涉及社会伦理，包括对建筑的概念、传统和潜能的批判性求索。真正的人文主义建筑，会更多地关注成为人的条件，而更少地在意人的品质。它是我们所追求的建筑身份认同和正当性的重要组成部分。

1 Michel Foucault（1926—1984），法国著名哲学家、概念历史学家、社会理论家、语言学家和文学评论家。——译者注

阿道夫 · 维塞尔（Adolf Wissel）《卡尔滕贝格的一个农民家庭》（*A Kaltenberger farmer's family*）
该“人文主义”画作受纳粹资助绘于 1939 年

参考文献

Michel Foucault, The Order of Things (London and New York, Routledge, 2002) p. xv.

Landscape 景观

罗伯特 · 舍费尔（Robert Schäfer）
德国《地形》（*Topos*）杂志主编

建筑师一旦离开建筑，他或她便开始犹豫不决。无论是驻足花园观望街道住宅，还是依傍阳台凝视对岸河塘，他或她的注意力时刻被景观吸引着。而“景观”，这个让人感到迷惑的词，像景观本身一样赏心悦目，为什么会如此地触动建筑师呢？

从文学到艺术史再到景观建筑学，景观有着学术和功能的双重意义。到底什么是景观？这个问题虽然简单，但是不易回答。而且，问题的答案常常因人，而非问题本身而异。景观的本质，只能通过深思熟虑去体会、创建和营造。如果对景观的概念没有基本定义，便很难讲清楚什么是景观。

许多学科都对景观做出过诠释，包括从哲学、社会学、语言学、地理学、词源和语义上去描述景观的含义，并相信只有整合所有的景观理论，才能获得答案。

景观，是一种包罗万象的不断发展的媒介，它无处不在。景观的意义在于用户的主观感受，而不是设计师的意愿。如果建筑师走出屋外没有发现任何景观，那可能因为户外环境条件和建筑师的设计价值观有一定差距。那样的话，即便景观是存在的，也是毫无意义的。环境史学家罗尔夫 · 彼得 · 西弗利（Rolf Peter Sieferle）对景观的自然属性有个委婉的学术见解：“我们在景观中看到各种自然状态及其文化形成在面貌上的统一，正如它们在观察者的目光中呈现的那样。”

在中世纪的解释中，景观包括了自然和居于其中的人类。词中“land”指的不是与海洋相对的陆地，而是耕耘居住之地。英文后缀“scape”相当于德语后缀“schaft”，表示一致性或构成。景观服务于不同的社会群体。在有社会规范的国家，景观是国家的标志，它并不与城镇的概念相对。它包括栖居之地和社会秩序之间的连接。

景观这个词，后来吸纳了更多政治含义，描述省域或领土。直到15世纪，今天我们熟知的景观的审美意义才出现。绘画作品中细致刻画的乡村背景，被称作景观，尽管这并不是作画者的初衷。17世纪，尼古拉斯·普桑[1]和克劳德·洛兰[2]的绘画中出现了景观，后来人们在意大利旅行时才看到了那样的田园自然风光。现在，我们所说的景观，很大程度还是指审美意义上的自然。

如果把个人的精神景观，投射到某个特定的环境中，景观则变得独特，且几乎不可名状。“我是小小侦查员”（I spy with my little eye）是一个儿童游戏，它要求参与者正确地认知景观元素，并说出其名称。如果所有的参与者都有一样的文化背景，这当然不成问题。我们自然首先需要理解如何在我们所设计的景观中，去应用早期中世纪对景观概念的阐释。迄今为止，世界一半以上的人口都住在我们所设计的景观——“城市”中。

景观无处不在，它是动态的，它不再被认为是工业影响下日常生活的对立面。城市景观和乡村景观一样，都是文化景观。城市的野性代替了野性的乡村。与以往工业年代不同的是，无人问津的工业棕地成为了新的景观。它们已俨然成为都市房屋海洋的中心地带。勒·柯布西耶称房屋海洋是“世界的常态”，他希望把城市从苦难中拯救出来，即意味着建筑拆除。他想从各个方向都能看到“世外桃源”（Arcadia）。

从理想来说，建筑师都试图让建筑融入环境。典型案例如弗兰克·劳埃德·赖特设计的流水别墅、密斯·凡·德·罗设计的巴塞罗那馆，以及传统日本建筑。这些建筑都表现出一种通过渐变或室内外空间交换去呼应环境的内在必然性。

1　Nicolas Poussin（1594—1665），法国古典主义风格的代表画家。——译者注

2　Claude Lorrain（1600—1682），法国古典风景画家。——译者注

马库斯·拉松（Marcus Larsson）《瑞典斯莫兰（Småland）的瀑布》，1856 年绘于巴黎
Printed by courtesy of Nationalmuseum, Stockholm.

景观是建筑理想的市场营销工具。凡是能看到公园、河流或海洋的地产，明显价值更高，比如纽约的中央公园或哥德堡的海岸。业主会很希望把景观理想化，即使是景观的片段。这是因为当一切都是景观的时候，包括建筑林立的城市和空间，人们便有了寄托情感的渠道。过去称这样的景象为“壮观”。以这种“壮观”为景通常是建筑的内容。

东西方的园林景观设计常常很流行使用借景手法。呼应周围环境，应用山林，可以在视觉上增大景观面积。建筑师的景观手法和丢勒[1]那一类的画家所应用的景观背景都是这个道理。然而，为了突出自然与景观的整体性，建筑摄影把景观置为前景，而且通常只用树和石这样的自然元素去装饰建筑效果。芬兰的后现代建筑，是这种虚幻真实视觉手法的杰出代表。纯美的芬兰自然风景，营造了情感和气氛，建筑在其中显得尤为生动。你会潜意识地感受到，建筑师在用心地设计一个安全的家，尽管屋外的树林看上去有种野性的荒芜。

从某种程度来说，居住建筑本质上像洞穴和庇护所一样，抵御着环境和环境中的危险，如野生动物、寒冷、潮湿和炎热。景观是一种浪漫，供人们投射情感，它好像一张温馨的明信片。景观包含设施和材料，因此它既具有功能又蕴含美感。

参考文献

Edition Topos. About Landscape: Essays on Design, Style, Time and Space. Munich 2002.
Topos 58: Architecture and Landscape. Munich 2007.
Stefan Kaufmann. Soziologie der Landschaft. Wiesbaden 2005.
Brigitte Franzen and Stefanie Krebs. Landschaftstheorie. Cologne 2005.
Florentine Sack. Open House: Towards a New Architecture. Berlin 2006.

1 Albrecht Dürer（1471—1528），德国文艺复兴时期的画家、版画家和理论家。——译者注

Memory 记忆

尤哈尼·帕拉斯马（Juhani Pallasmaa）
芬兰，建筑师 / 教授

建筑被视为一种未来；新型建筑则被认为是对未知的一种追逐；建筑品质常被认为与独特性和新奇性息息相关。然而，更重要的是，人类的建造活动保存了过去，并使我们能够看到文化和传统的统一性。事实上，建筑是人类记忆最重要的表达方式。它把无名的、相同的、无限的空间，驯服成人类的领地，成为有人类意义的特殊场所。同样，建筑使人能够感知时间，因而无限的时间变得不再难以忍受。如加斯东·巴什拉[1]所说，“房子是抵抗宇宙最好的工具”。

建筑也是一种重要的存储设备：首先，人造建筑物用物化的方式保存时间的更迭；其次，它们通过暗示和投射记忆来促进记忆；再则，建筑鼓励和激发我们的回忆。建筑，维系着我们对瞬间长度与深度的理解，诉说着文化和人类的故事。比如，如果没有金字塔，我们对时间深度的理解，会肤浅很多。建筑书写了人类的命运，既有真实的，也有想象的。哪怕是断壁残垣，也可以激起我们那些已经消失的生活的回忆，和对那些已逝者曾经的命运的想象。回忆，是情景性和空间性的记忆，它们依附于地点和事件。空间的体验，永远是一种奇妙的交流：我在某处停留，某处就在我心中沉淀。我能记得全世界自己曾

1　Gaston Bachelard（1884—1962），法国著名哲学家。他的贡献主要在诗学和科学哲学领域。他阐述了认识论的障碍和认识论断裂的概念。——译者注

经短暂居住过的几百个酒店，因为在那里有我的身体和记忆的投影。

建筑，也是情感的加强器，它可以加强人们对归属或疏离、邀请或拒绝、希望或绝望的感觉。然而，艺术或建筑本身，不会有忧愁或欢乐、悲痛或狂喜。它们通过自身的权威和光环，去唤起、加强和投射我们赋予它们的情感。我会在劳伦图书馆[1]感到自己很忧郁，这种形而上的感觉是米开朗琪罗的建筑唤醒和投射的。我也会在帕伊米奥疗养院（Paimo Sanatorium）感到自己的乐观，可以说阿尔瓦·阿尔托[2]的建筑激活了我的感官。

米兰·昆德拉[3]说过："在缓慢与记忆之间，速度和忘却之间，有种神秘的关系……缓慢的强度和记忆的强度是成正比的，速度的快慢和忘却的快慢也是成正比的。"因为时间和现实的猛烈加速，所以我们正在陷入文化失忆的困境。

我喜欢温和的和关注人性体验的建筑，而不爱高速的分散人注意力的建筑。建筑的使命，是守护我们的记忆，捍卫我们空间体验的真切感与独立感。建筑可以帮助我们理解和记住自己。

1 Laurentian Library，在意大利佛罗伦萨，由建筑师米开朗琪罗设计。——译者注
2 Alvar Aalto（1898—1976），著名芬兰建筑大师、设计师、画家和雕塑家。——译者注
3 Milan Kundera（1929— ），作家和哲学家，出生于捷克斯洛伐克，1975 年流亡法国，1981 年归化为法国公民。——译者注

Modernity 现代性

汉斯·伊贝林斯
荷兰《A10》杂志主编

“现代”这个词很容易使用，但很难定义。它的本意和衍生义，比如“现代主义”“现代的”“现代性”这些词，容易产生歧义，甚至让人误解。因此，最好还是不要言之过多，以免困惑愈深。

现代主义建筑，描述的是 20 世纪 20—70 年代特有的建筑潮流。它常指一些特定风格的建筑，如长方形、轻质的、透明的建筑。这些潮流，都可以贴上现代主义的标签，除了西班牙以外，因为西班牙对这个词有自己的定义。另外，我们所说的“现代主义”（modernism），在意大利被称作“理性主义”（rationalism）。现代主义风格的实践者们，常强调这种风格并不是客观的，而是一种优先应用最新科技、注重功能和建造的设计方法所带来的结果。附带说一下，强调风格的建筑即可认为是现代性的。

现代主义建筑，还有更广泛的指代，比如现代的或当代的建筑；更有与历史割裂的未来建筑。在这层意思上，“现代”与“新”（new）和“当代”（contemporary）是同义词，与“老”（old）、“传统”（traditional）、“常规”（conventional）和“经典”（classical）是反义词。更容易让人混淆的是，“现代”可以与它的反义词无缝组合，比如“现代经典的”（modern classical）和“经典现代的”（classic modern）。前者是说经典事物看上去现代，或经过现代化的改造；后者是指现代事物成为某种经典永恒，如著名的勒·柯布西耶躺椅。然而，这件作品，还可以被称作一件现代经典作品（a modern classic）。看完这些，是不是觉得更加迷糊了？

现代性，可以解释为处于现代的一种状态，但也可以指社会，即现代社会的神秘本质。现代（modern）、现代主义（modernism）和现代性（modernity）都可以加前缀“pre”（早期）、“proto”（原）、“late”（晚期）、“post”（后）、“super”（超）、“quasi”（类）、“non”（非）和“un”（不），表示发展的不同阶段，含义接近但概念不同。如果你认为这就涵盖了所有关于现代的词，那么就想错了。当下我们正处在一个新的循环阶段，即“二次现代性”（a second modernity）。它是之前的现代性的重复，但是略有不同。

没有任何一个词能比“现代”（modern）更容易制造某种僵局。书架上关于社会、艺术和建筑现代性的书不少，但是没有一本可以对这个问题给出决定性的回答。它们无法准确地定义这个词。一部分原因在于现代性内部的矛盾性，这被认为是其重要的特征。总而言之，“现代”是个很有野心的词，它有多重含义，而且很容易变化。它之所以容易变化，是因为“现代”是相对性的，其基准是一切非现代：传统和经典。一件事物是否“现代”或者“看上去现代”，与它的本身状态是分不开的。

现代性的事物是相对确定的和稳定的，比如现代性传统（a modern tradition）。我们也自然可以用无数种形式描述它：从 1851 年的水晶宫到一个世纪后的范思沃斯住宅（Farnsworth House）；从未来主义到萨沃伊别墅；从文艺复兴到两战间时期；从勒杜[1]、部雷[2]到当代。

现代性传统的存在说明了如今的现代不仅像往常那样与非现代相对，而且与它自身的过去，即现代性传统相关。因此，所有为了现在或未来而创作的建筑，都与它的过去紧密相关。

1 Claude-Nicolas Ledoux（1736—1806），法国早期新古典主义建筑师。——译者注

2 Étienne-Louis Boullée（1728—1799），著名法国新古典主义建筑师。他的作品对当代建筑的影响深远。——译者注

Nature 自然

斯维克·索林（Sverker Sörlin）
瑞典皇家理工学院（Royal Institute of Technology）环境历史教授

自然，是最复杂的概念之一。1927 年阿瑟·洛夫乔伊[1]的一篇文章中写到，这个词大约有 60 多种意思。从那以后，“自然”的多重含义有增而无减。自然最基本的一点，就是它既是物理事实，又是事物本质。形态原则创造形式，这通常被认为是一种理想。因此，自然，或者成为自然，是一种典型的规范。另一方面，在西方传统里，自然相对非物质性的神圣而言，也是基础和原始的，后者仿佛高高在上，如人们所向往的灵魂一样。建筑师和常人一样，都在遵循自然的规范和超越自然的限制之间徘徊。一些建筑以垂直性宣示着自己有异于自然，尤其以中世纪教堂为代表；而一些现代主义建筑，以高层象征着与重力的抗衡。然而，垂直建筑在不经意之间也会显示出某种自然的法则：在建筑中应用自然的时候，事物的复杂性便随之而生。

从建筑的角度讲，自然既是某种边缘和负面因素，也是基础元素。维特鲁威的《建筑十书》（*De architectura*，公元 1 世纪）多处写到自然：风，土，气候，水，以及擅长处理自然条件的建筑师。另一种观念则认为，所有的建筑中都有自然的知识。即自然存在于所有建筑中。自然也是永恒的形式提供者和建筑灵感来源。从石窟到土坯房，再到

---

1 Arthur O. Lovejoy（1873—1962），著名美国哲学家和智力历史学家。他的作品《存在巨链》（1936）被认为是美国观念史学上最重要的著作。——译者注

新千年的高技派的曲线建筑，都是如此。建筑物，就像树与树枝，必须被承载，或体现。地球本身是一个建造者，它的地理特征一直都体现在建筑中。即使看似煞费苦心的形式，比如古典主义，也依赖于自然法则。几何式和柏拉图式的古老建筑手段，就非常像自然中的树叶和水果。柱式本身也是一种自然，如柱檐装饰着柱头所体现的那样。建筑中尤为重要的秩序，也是从自然中获得的结构。在乡土建筑中，从因纽特人的圆顶冰屋（Inuit igloo）到毛利人的长屋（Maori longhouse），都像万神庙（Pantheon）和雅典卫城（Acropolis）一样，遵循着功能性几何的有效性。

另一方面，一些观点认为，自然在城市建造的过程中受到压抑。圆形空间，例如营帐、棚屋、蒙古包、雪屋和帐篷，都表现了建筑与自然整体之间的关系。这里的自然整体包括动物、魔鬼和神祇。正交思维将土地和空间以轴线和体块划分，这是偏离自然形态的。

从传统意义上说，建筑师与自然的关系是很矛盾的。很久以前，追溯到维特鲁威的时代，建筑师基本都歌颂自然。但自 20 世纪以来，建筑师开始与自然保持一定距离。很多现代建筑都是在限制和规则内，试图超越自然。我们可以区分得出，哪些建筑是以自然作为建筑的形成要素，哪些又是以自然作为建筑的装饰要素。建筑中总有一些元素使我们联想起自然，比如曲线、旋转楼梯、中世纪教堂里动物和山神的形象。建筑的立面和室内，常常应用希腊和罗马的男神和女神，以此象征不同的自然要素，比如谷神（Ceres）象征谷物，月亮与狩猎女神（Diana）象征丰收，酒神（Bacchus）象征喜乐。在建筑、花园和广场（如喷泉和雕塑）中，也应用了水果、植物和动物的装饰元素。然而，这些元素更接近装饰艺术以及室内和花园设计的专业范畴，而不是建筑的领域。

自然装饰，代表某种建筑意义和功能，如 19 世纪伦敦动物园的动物圈舍采用了动物形象的图案，银行用狮子雕塑做门前守卫。从另一个角度看，动物园、温室、博物馆和其他展示自然的建筑或建筑综合体，甚至包括花园，体现了人对自然的控制性。很多殖民建筑的语言特色都很一致，注重划清其与危险荒野的界线。而乡土建筑注重本地材料的应用和室内外的联系。乡土建筑更是一种庇护性建筑物，而不是自然的对立，更不会疏离自然的力量和灵气。自然由内而外穿透于乡土建筑。

现代建筑更多地应用了自然。生态建筑与规划的趋势，起始于刘易斯·芒福德[1]和帕特里克·格迪斯[2]的区域环境规划。尤其体现在自18世纪发展起来的城市景观二元化，如伊安·麦克哈格[3]的理论。肯尼斯·弗兰姆普敦在此基础上更进一步，他提出“批判区域主义”，强烈地拥护场地的角色，主张“有必要与自然建立更直接的辩证关系”。然而，在20世纪60—80年代的建筑环境主义（architectural environmentalism）尝试中，自然仍然被放在城市和建筑以外，绿色建筑和自给建筑的生态原则尚在构想阶段。在早期的实践中，只有一个例外，就是意大利建筑师保罗·索拉里[4]在亚利桑那州的沙漠生态试验城镇“阿科桑底”。

生态，当然只是自然的一个方面，但也是一个核心，它牵涉到科学地理解社会与环境的新关系，还牵涉到随经济与人口增长而日益严重的资源、气候和生物多样性的压力。建筑师、规划师和工程师都开始意识到，生态原则的应用必须要与可持续发展的目标一致。可持续发展的概念确立于1987年，当时联合国采纳了由格罗·哈莱姆·布伦特兰[5]领导的可持续发展委员会的报告。以保护自然为总目标，在加强约束的新建筑与规划标准的要求下，建筑师们采用了一系列可持续发展的原则。在亚利桑那州的图森，有个生物圈二代（Biosphere II）的先锋案例，它与索拉里实验有所关联而不尽相同。这个案例融合了生态学和控制论，旨在创造一个封闭的资源体系。科学和行为在这个资源体系中比其在建筑中能更好地被定义。

自然，作为美的准则，或是理想形式，现在回归为所有建筑环境的可持续条件。自然，在21世纪有着前所未有的重要地位。挑战是巨大的，

---

1 Lewis Mumford（1895—1990），美国历史学家、社会学家、技术哲学家和文学评论家。他对城市和建筑的研究为人熟知。芒福德深受帕特里克·格迪斯爵士的影响，并与他的同事英国社会学家维克多·布兰福德（Victor Branford）合作密切。——译者注

2 Patrick Geddes（1854—1932），著名苏格兰的生物学家、社会学家、地理学家、慈善家和城市规划师。他引入了“区域”和“卫星城”等建筑和规划概念。——译者注

3 Ian McHarg（1920—2001），著名苏格兰景观建筑师。——译者注

4 Paolo Soleri（1919—2013），意大利建筑师。他成立了工作室“科桑底”（Cosanti），并以生态建筑实验项目“阿科桑底”（Arcosanti）闻名。——译者注

5 Gro Harlem Brundtland（1939— ），挪威政治家，三次出任挪威首相，曾任世界卫生组织总干事（1998—2003）。——译者注

市场和需求也是宽广的。当美国著名的自然设计师威廉·麦克唐纳[1]从事中国城市和乡村的规划设计时，他联想起自己曾经做过的那些受自然启发的建筑，如位于美国加利福尼亚州圣布鲁诺的GAP总部大楼（1997），位于密歇根州鲁日河畔的迪尔伯恩、拥有50万平方英尺（约4.6万平方米）世界最大“居住”屋顶的福特卡车工厂（2004），以及位于阿姆斯特丹的IBM办公楼（2004）。他建议把整个规划新区建在一片巨大的草皮（甚至一片稻田）之下，保持城市本来的景观地貌。这个规划提倡混合居住区和工作区，采用太阳能技术，鼓励公共交通和步行尺度街区，将机场设在城市的中心，公园如一串翡翠项链般贯穿在城市之中。这些愿景，都或多或少回归到20世纪早期的霍华德[2]等人的同心圆乌托邦的概念。

这些现象并不是说，为了应对当前的复杂局面，我们需要依赖浪漫主义的感性。事实上，世界上很多正在进行中的项目，包括中国的项目，还是不太关注自然和生态的需求。在北京和上海的大规模开发中，充满了明星建筑师的作品。深圳的规划和设计引进了西方和日本建筑师的设计，但这些设计并没有遵循可持续发展的原则。此外，21世纪另一个充满大体量建筑的城市迪拜，是在热带沙漠的边缘开发起来的。那里有室内滑雪场，有大型购物综合体，大型机场成为连接世界重要地区的枢纽。这些设计都是完全否定自然的。它反映着一种老的乌托邦模式，其规模和形式远远超越了美国拉斯维加斯的享乐主义住宅和明尼阿波利斯的购物中心。究竟是这些城市设计，还是麦克唐纳“从摇篮到摇篮”的自然设计，将成为21世纪自然建筑的界面符号，目前是一个开放问题。自然，一方面是无法回避的法则，但另一方面似乎被“绑架”于某些形式和文脉中。这对于莫里斯[3]和工艺美术运动来说，一定是难以想象的。

自然的能量巨大，20世纪最好的建筑是无法回避自然的能量的。斯德哥尔摩的森林墓园被联合国人居署定为世界遗产，它的可贵之处主要在

---

1 William McDonough（1951— ），美国设计师、作家。他是《从摇篮到摇篮》（*Cradle to Cradle: Remaking the Way We Make Things*）的合著者之一。——译者注

2 Sir Ebenezer Howard（1850—1928），英国“田园城市”运动的发起者。——译者注

3 William Morris（1834—1896），英国纺织品设计师、诗人、小说家、翻译家和社会主义活动家。他与英国工艺美术运动相关，是传统英国纺织品艺术和生产方法复兴的主要贡献者。——译者注

于提供了一种自然的体验。古纳尔·阿斯普朗德[1]和西格德·莱维伦茨[2]低调的纪念碑主义，使他们的设计温柔地抚慰无声的尊严，并超越了人文表达。尽管建筑作品本身具有权利性，但是它也属于日益流行的现象，比如作为生物通道保护和增强生物多样性的微地理环境。墓地建筑、高尔夫球场、运动中心、城市公园，甚至郊区居民的后花园，都是典型的乡土建筑或普通建筑，但它们也被称为“第二自然”（波伦[3]，1992），即人造环境与“第一自然”的融合，包括建筑创作与自然的交流与互动。20 世纪 90 年代晚期出现的景观城市主义（landscape urbanism）反对城市－乡村二分法。詹姆斯·科纳[4]和其他景观城市主义者认为，如果城市和自然融合成一个整体，那么建筑师、景观建筑师、城市规划师和城市设计师就能共同为“以景观为中心的实践”而奋斗。

自然可能会时常出现在我们所生活的全球生态时代，尽管它可能会在不同的概念中出现，比如景观、有机、文脉或现实。当代建筑师可能通常低估了“自然”作为一种可能性的存在。有些当代建筑甚至是违背自然的。尽管如此，自然是无处不在且能量巨大的。任何事物无法逃脱于自然。自然，可能会随时回归为某种审美理想。它作为形式、功能和秩序的基础向导，从来没有且永远不会离开我们。

1 Gunnar Asplund（1885—1940），著名瑞典建筑师。——译者注
2 Sigurd Lewerentz（1885—1975），著名瑞典建筑师。与阿斯普朗德一起合作设计了斯德哥尔摩市南部的森林墓园（Skogskyrkogården）。——译者注
3 Michael Pollan（1955— ），美国作家、记者和活动家。——译者注
4 James Corner（1961— ），美国景观建筑师。代表作有纽约高线公园。——译者注

参考文献

Anker, Peder, "Graphic Language: Herbert Bayer's Environmental Design", Environmental History 2007: 2.
Corner, James, "Terra Fluxus", in The Landscape Urbanism Reader, ed. Charles Waldheim (New York: Princeton Architectural Press, 2006).
Kenneth Frampton, "Towards a Critical Regionalism: Six Points for an Architecture of Resistance", in The Anti-Aesthetic: Essays on Postmodern Culture, ed. Hal Foster (Seattle, WA: Bay Press, 1983).
Lovejoy, Arthur O., "Nature", Language Notes (1927).
McDonough, William, The Hannover Principles: Design for Sustainability (New York: William McDonough Architects, 1992).
McHarg, Ian, Design With Nature (New York: Natural History Press, 1969).
Pearman, Hugh & Andrew Whalley: The Architecture of Eden, with a foreword by Sir Nicholas Grimshaw (London 2003: Eden Project Books).
Pollan, Michael, Second Nature: A Gardener's Education (New York: Dell, 1992).
Portoghesi, Paolo, Nature and Architecture (London: Thames & Hudson, 2000).
Sörlin, Sverker, "Nature", Dictionary of the History of Science, ed. Arne Hessenbruch (London: Edward Arnold, 2000).

蒙古国乌兰巴托郊外，邓靖摄影

Nordic 北欧

尼尔斯 – 奥雷 · 隆德（Nils-Ole Lund）
丹麦，建筑师 / 作家

北欧国家从外界看来，常被视为一个整体。尽管北欧各国的地理地貌有别，但是历史上它们的语言和文化是紧密相联的。北方（Norden）包括冰岛、挪威、芬兰、瑞典和丹麦，还有格陵兰岛自治区、法罗群岛（Faeroes）和奥兰群岛（Åland Islands）。

尽管这些国家在历史上经历了无数自相残杀的战争，但是它们在过去几百年间成立了一个共同的政体和社会模型，即北欧福利国家。因为规模较小且同质，北欧国家建立了国家社会福利和大型公共机构的议会民主制。然而，它们仍推行开放经济体制，与其他国家的文化交往紧密。

农业和劳工运动的发展，带来了一个民众青睐的政治体系，即和平至上的北欧政治体系。由于这些相对一致的社会基础，北欧国家建筑的发展步调也相对统一。北欧各国的建筑师们几乎同时从历史主义走向国家浪漫主义，再从浪漫主义走向新古典主义，然后从新古典主义走向功能主义（北欧版“现代主义”），再后来从教条功能主义走向“现代的”现代主义。这使得我们很容易鉴定北欧建筑的年代，因为大部分建筑师的创作都顺应着时代和专业的发展需求。北欧国家之间还有一个相同点，即它们的建筑都可以看作一种文化输入。原创概念包括包豪斯、美国或意大利的理性主义，都在引入北欧国家后经历了改良。

波罗的海海滨的天鹅，罗璇摄影

当 20 世纪 30 年代功能主义在泛北欧国家找到突破口时，建筑变成社会与民主发展的标志。如瑞典艺术史学家格里戈尔 · 保罗森（Gregor Paulsson）所说，建筑变成一种“解放风格”和渴望平等的功能性表达。所以，典型的北欧建筑是公共住宅建筑。

50 年代的北欧建筑和公共设施，以斯堪的纳维亚设计闻名世界。它成功的秘密在于优良的做工、用户友好型设计和优雅的设计风格。建筑师阿尔内 · 雅各布森[1]、阿尔瓦 · 阿尔托，约翰 · 伍重[2]和拉尔夫 · 厄斯金[3]是当时世界知名的北欧建筑师代表。

过去的几十年的社会繁荣和政治转型，令北欧现代建筑的社会意义有所减弱。如今，新现代主义（Neo-Modernism）成为主流，并且形成一种风格，而不仅是一种概念。

然而，当代建筑特别值得注意。由于全球气候变化的威胁，建筑必须遵循地形和气候条件，即建筑要与环境相和谐。或者如路易斯 · 康所说，“跟随建筑的意愿”。

在北欧，建筑的国家性和民族性，即土壤、语言、历史和建筑互相依存的概念，已经深入人心。建筑，不可能脱离场地和文脉而横空出世。也就是说，北欧建筑将继续以实用主义的方法去应对国际挑战。

在柏林蒂尔加滕区（Tiergarten）的北欧联合使馆区，就是这种实用主义的代表之一。尽管北欧国家的外交政策有所不同，但是它们在德国首都柏林设立了联合的官方代表处。联合使馆区内，一片阿尔瓦 · 阿尔托式曲线形青铜墙板，温柔地串联着五座使馆建筑。分散的广场寓意水体，随蜿蜒的墙板而展开。建筑单体通过场地整体规划而统一起来，建筑语言所反映的价值观和标准，也出乎意料地统一。然而，内行人还是可以看出，北欧五国之间在建筑细节塑造和材料使用上的特色和差异。

---

1 Arne Jacobsen（1902—1971），著名丹麦建筑师，设计师。他是功能主义建筑的代表建筑师。他设计的座椅以简洁的设计风格为人们熟知。——译者注

2 Jørn Utzon（1918—2008），著名丹麦建筑大师。——译者注

3 Ralph Erskine（1914—2005），著名建筑师和规划师，生于英国，一生大部分时间生活和工作在瑞典。——译者注

Organic 有机

彼得·布伦德尔·琼斯（Peter Blundell Jones）
英国，建筑师 / 评论家

与很多宽泛的建筑分类一样，“有机”有多种含义，并随时间而改变着。在日常生活中，“有机”与食物和农业相关，它代表一种健康意识，甚至有点“道貌岸然”。然而，“有机”还常与可持续发展的生活方式相关。在建筑中，人们现在喜欢给一些流线型、非规则形体或看似自然的建筑贴上“有机”的标签。然而，在一个世纪以前，“有机”建筑便开始了实践，如 19 世纪末路易斯·沙利文[1]和弗兰克·劳埃德·赖特的设计。他们认为“有机建筑”是相对于学术经典传统的另一种可能性。沙利文对建筑的生物性的追求，带来了形式必须服从于功能的理论。他当时认为尽管装饰仍十分重要，但应该抛开历史先例，从自然中获得创新。[2]赖特并没有太多地关注装饰，也没有回避它，而直接跟随了沙利文的功能主义。他更强调建筑应该与场地景观相呼应，认为一幢房子不应凌驾于一座山丘之上，而应融入山丘，并提出“材料的自然属性”和“顺应事物自然属性的发展”，暗指“自然生长”。[3]

1 Louis Sullivan（1856—1924），美国建筑师，被称为“摩天大楼之父”和“现代主义之父”。——译者注
2 Louis Sullivan, Kindergarten Chats, Dover, New York, 1979.
3 Frank Lloyd Wright, Organic Architecture, preface to Wasmuth Portfolio 1910, 另见：Organic Architecture, Architects' Journal August 1936.

在欧洲，威廉·莫里斯赞许地描述哥特建筑是“有机”的。后来的新艺术运动建筑师，如亨利·凡·德·费尔德[1]，也提到哥特建筑是受到自然曲线的启发，并表达着由此引发的情感。20世纪20年代埃里克·门德尔松称自己的建筑是“有机主义”[2]。雨果·哈林[3]进一步提出“有机建筑”理论，将有机作为几何方式的对立面，他认为有机具有自然特征，而几何方式是强制和人工的。他指出对几何的痴迷削弱了建筑的自由发展，有机建筑是对当时基于学院派（beaux arts）的构图法则的反抗。[4]对于哈林来说，一切都是为了让建筑找到真正合适的形式。他相信每个建筑都与场地和项目条件相关。对于空间组织和外部立面的关系，他主张由内而外的设计，而不是由外向内的设计。尽管哈林也想追求功能效率，但是他实际上不只是追求功能效率，还强调了每个建筑要和场地条件相适宜。[5]在这点上，他与同门汉斯·夏隆[6]，斯堪的纳维亚当代建筑师古纳尔·阿斯普朗德[7]和阿尔瓦·阿尔托，英雄所见略同。“有机”这个概念，是指建筑有内在的自然属性。

出于对赖特的迷恋，年轻的意大利评论家布鲁诺·赛维[8]于1945年发表了《走向有机建筑》（*Towards an Organic Architecture*，英文版1949年出版）[9]。赛维把有机看作所谓国际主义风格的另一种可能性。他梳理了赖特、阿尔托、阿斯普朗德和门德尔松的作品之间的平行之处，但

1 Henri van de Velde（1863—1957），比利时画家，建筑师和室内设计师。他与维克多·奥塔（Victor Horta）和保罗·韩卡（Paul Hankar）一起，被视为比利时新艺术风格的主要缔造者和代表人物。——译者注

2 参见他1923年于阿姆斯特丹所做的讲座，后被翻译出版：Erich Mendelsohn, Erich Mendelsohn Complete works of the Architect, Triangle Architectural Publishing, 1992.

3 Hugo Häring（1882—1958），德国建筑师和建筑作家。他关于“有机建筑”的文章十分有名。——译者注

4 哈林的重要文章题为“Wege zur Form”(形式之路)，发表于：Die Form 1925, 其被摘录、翻译和评论于：Peter Blundell Jones, Hugo Häring: The Organic versus the Geometric, Menges, 1999, pp. 77-82.

5 同前，pp. 150-162.

6 Hans Scharoun（1893—1972），德国建筑师，他最有名的作品是柏林的爱乐音乐厅。他也是有机建筑和表现主义建筑的拥护者。——译者注

7 参见：Peter Blundell Jones, Gunnar Asplund, Phaidon, London, 2006.

8 Bruno Zevi（1918—2000），意大利建筑师、历史学家、教授、策展人、作家和编辑。——译者注

9 Bruno Zevi, Towards an Organic Architecture, Faber & Faber, London, 1949.

疏漏了本来可以使他的著作更有说服力的案例，即当时没有被发掘的哈林和夏隆的作品。自那以后，建筑师和历史学家们又对这个遗漏做出了补充，并增加了很多新的案例。[1] 然而，“有机”作为另一种建筑可能性的论点，随着与其对立的国际风格的倒塌和随后的后现代主义的混乱，而失去了锋芒。知名建筑师京特·贝尼施[2]、拉尔夫·厄斯金[3]和恩瑞克·米拉莱斯[4]都对可能的“有机”建筑进行了探索，尽管他们对有机的兴趣各不相同。这可以看作是“有机”的一次胜利。有机建筑对场地、功能、材料和其他条件的特有处理方式，使得建筑常常是特别的、适宜的和与众不同的。这也说明有机建筑反对千篇一律，主张建筑的多样性和差异化。对特异性的追求，要求尊重已给定的语境，并否定普遍化。所以，有机建筑很难成为规范化的经典学术传统或国际风格。因为那样的话，有机建筑首先得过了自己这关。

如果要给“有机”趋势一个清晰的历史划分，哈林和密斯的作品最能反映出特殊与普遍之间的反差。前者总是在尽量追求设计的内容，而后者完全忽略这一点，有时甚至到达一个危险的程度，即理想化和普遍化。所以，20 世纪 20 年代哈林作品伽考农庄[5]和密斯早期作品巴塞罗那馆的反差绝不是巧合。前者体现了哈林关注动物饲养的细节，后者表现出对功能的忽略。这样的反差还在柏林战后的文化广场（Kulturforum）中出现。密斯设计的新国家美术馆，改编自他原来为古巴百加得朗姆酒公司（Bacardi）总部所做的设计，只不过场地、功能、气候、国度和材料发生了改变。[6] 然而，在新国家美术馆的旁边，矗立的是夏隆设计的爱乐音

1 C.A. St John Wilson, The Other Tradition of Modern Architecture, Academy Editions, London, 1995.

2 参见：Peter Blundell Jones, Günter Behnisch, Birkhäuser, Berlin, 2000. 译者注：Günter Behnisch（1922—2010），曾是二战期间最年轻的德国潜水艇指挥官之一，后来成为著名解构主义建筑大师。他的重要作品有慕尼黑的奥林匹克公园，波恩的新西德议会大楼。

3 参见：Peter Blundell Jones and Eamonn Canniffe, Modern Architecture Through Case Studies 1945—1990, Architectural Press, Oxford, 2007, Chapter 11.

4 参见：Peter Blundell Jones, Enric Miralles C.N.A.R., Alicante, Menges, 1995. 译者注：Enric Miralles（1955—2000），西班牙建筑师。

5 Garkau Farm，德国农业建筑，由建筑师雨果·哈林设计。——译者注

6 参见：Peter Blundell Jones, Modern Architecture Through Case Studies, Architectural Press, Oxford, 2002, Chapters 1 and 2.

乐厅，它是 20 世纪最有说服力的音乐厅建筑。爱乐音乐厅的建筑环境很好地渲染了音乐会的仪式感和对音乐和音效的把握。它是一幢为音乐量身定制的有机建筑。[1]

1 同前，Chapters 13 and 14. 另见：Peter Blundell Jones, Hans Scharoun, Phaidon, London, 1995, pp. 174-195.

Ornament 装饰

伊雷内·斯卡尔贝（Irénée Scalbert）
英国建筑评论家

尼古莱·果戈里[1]在《死魂灵》（*Dead Souls*）里，描述了一座奇怪的城堡。城堡在一片颓靡的废墟里，墙壁上的裂缝暴露出建筑赤裸的抹灰和板条。除去两扇，窗子全是关闭的。城堡的背面似乎是一片腐朽，却有一座花园。花园延伸到远处，融入荒野。这种荒野感没有让人觉得凄凉和陈旧，反而给人一幅诗意的画面。果戈里说，自然和艺术无法独自孕育美。自然，可以减轻建筑的体量感，也可以一扫建筑的粗糙感，还可以赋予平庸建筑一种温度。

果戈里书中的这个场景，恰当地比喻了建筑中装饰的回归。这并不是说所有的装饰都是从自然元素而来，而是把那座相对平庸、整洁和淳朴的房子的荒野感，和如今从现代主义夹缝中滋生而出的装饰做比较。建筑师可能还是喜欢讨论"概念"，但是这些讨论看来越来越随意。建筑师可能也会写文章，用理论填补思想空白，然而这对普通日常不会有太大的影响。实际上，反倒是建筑师们对感受的追求更影响现实。

阿道夫·路斯的《装饰与罪恶》是近几十年有影响力著作的代表。路斯认为，现代社会没有能力做装饰。受到工业化的影响，过度加工和富余的装饰失去了原有的与文化之间的有机联系。那些看似让孔雀、

1　Nikolai Gogol（1809—1852），俄罗斯剧作家、小说家。——译者注

野鸭和龙虾等餐品更美味的餐盘装饰，在路斯看来很多余。他说：“我只吃烤牛肉。”勒·柯布西耶也对自己所处时代的装饰艺术很反感。他自称喜爱拉伯雷，但厌恶“贝尔纳·帕利西的重现”[1]。贝尔纳·帕利西是16世纪法国陶艺师，他在餐盘上设计了路斯厌恶的鱼禽装饰图样，并涂上翠绿或蓝绿色的釉彩。

装饰被路斯用来表征道德的缺失，比如以巴布亚人[2]的纹身显示其道德状况。另外，装饰还被用来代表智力水平：巴布亚人无法像贝多芬一样写出《第九交响曲》。暂且不谈这个论据的狭隘之处，就根据它反映的逻辑来看，装饰似乎意味着某种智力的缺失。然而，为什么装饰的形式和其他形式不一样，为什么装饰成了抽象思维的反面？我们对此并不是很有头绪。

我们猜测那些“赤裸的设计方案”，即启发型方案，代表着某种智慧，而装饰是某种外围感受。那么，如果方案不仅仅是“赤裸”，而是毫无意义，情况又会是怎样呢？如果概念意图和理论思维都表达充分，情况又会是如何？即使是戈特弗里德·森佩尔[3]也无力填补这些裂缝。一些文字试图用“线绣”去遮挡、保护或缝补所谓的裂缝，如森佩尔提到的纺织的概念——赫尔佐格与德梅隆（Herzog & de Meuron）的北京奥林匹克“鸟巢”体育馆方案设计就差不多体现了这个概念。整个建筑都是装饰性的，包括建筑的外表、规划和技术，甚至建筑的注解，及建筑术语，也都是装饰性的。建筑师扎哈·哈迪德（Zaha Hadid）的建筑，最能表现这种内在性装饰。她的图稿、结构和形式都围绕同一种感受逻辑。

SANAA的作品虽然看似非装饰性，但还是有装饰的影子。他们的作品几乎是所有近期建筑中装饰性最少的。如果密斯的作品是黑色建筑，他们的则是或看上去是白色建筑。然而拂去表面，装饰性存在于建筑本身。从建筑外部看，大量采用开窗和亚光图案装饰。从建筑内部看，那些日常生活用品，如波斯地毯、现代座椅、花瓶和被套等器物，都是精心设计的

1 Bernard Palissy（1510—1590），法国制陶师，也以其宗教、科学和哲学方面著作闻名。——译者注
2 Papuans，新几内亚和邻近岛屿说巴布亚语的各土著民族。——译者注
3 Gottfried Semper（1803—1879），德国建筑师、艺术评论家。——译者注

装饰。建筑环境成为它们的衬托。史密斯森[1]营造了居住艺术，而居住艺术的灵感来自于插花艺术（ikebana）的发源地日本。从这个层面来看，生活本身也是一种装饰。

现代主义发展到最后是装饰的盛行，18 世纪的古典主义也是如此。从 1720 年至今，洛可可派建筑师都偏好白色，比如建筑师加布里埃尔[2]。他们喜欢运用浅色，特别是白色。建筑上，他们移除了立面的古典秩序和构图限值，注重开放空间的设计（SANAA 的作品也体现了这一点），批判地强调主观意识，即场所的感观。

构造原理和构图法则的过时，让装饰的繁盛变得自由。大面积的墙壁空出来，留给形态和触觉实验。最典型的例子就是岩贝工艺（rocaille），它被称为“没有特别形状和实质的装饰”。它融合藤蔓、花叶和贝壳工艺于一体，其塑造力超越以往所有装饰。

最能说明“装饰的胜利”的 18 世纪案例，是蕾丝工艺。在那以前，蕾丝工艺局限于服装的袖口和领口，一般以黑色作底，或用于头部和腰部，以一种透明性，实现“脸、织物与空间的视觉节奏转换”。古典秩序经不起装饰的诱惑，蕾丝最终席卷整个服装业，成为裙装的主要材料。蕾丝还被用于祭坛、礼拜堂和牧师的服饰。简言之，蕾丝变成倍受喜爱的材料，它带有情色或神圣的双重感觉。

过去的几年中，有三个关于蕾丝的项目，其中两个有非常直接的联系。第一个项目是 1998 年布鲁日市[3]老城附近音乐厅的设计竞赛。努特林斯·雷代克[4]设计了“抽象开放的装饰性图案”，应用了源于纺织物且与蕾丝相关的材料。布鲁日市是著名的蕾丝盛产基地。第二个项目是在诺丁汉——另一个蕾丝生产中心。卡鲁索－圣约翰[5]设计了一座仿佛披着“一件蕾丝

1 Smithsons，英国建筑师事务所，由合伙人艾利森·史密斯森（Alison Smithson）和彼得·史密斯森（Peter Smithson）组成，他们常与新粗野主义联系在一起。——译者注
2 Ange-Jacques Gabriel（1698—1782），著名法国建筑师。——译者注
3 Bruges，比利时西北部西弗兰德省的首府。——译者注
4 Neutelings Riedijk，荷兰鹿特丹建筑师事务所。——译者注
5 Caruso St John，英国伦敦建筑师事务所。——译者注

大衣”的当代艺术中心（CCAN）。第三个案例是在曾经以纺织业闻名的莱斯特[1]，FOA 为约翰·路易斯（John Lewis）百货公司新店设计了一堵“蕾丝幕墙”。这三个案例都是在蕾丝语境中的建筑作品。然而，这三位建筑师创作出完全不同的感觉。这说明线的艺术和建筑的艺术之间的融合有多种可能，而不限于一种巧合。

在诺丁汉的案例中，卡鲁索－圣约翰选用了蕾丝边缘的图案，去呼应建筑的圆齿边缘垂直面板。这个图案来自本地大学收集的大幅蕾丝样本（通常由于技术的限制，蕾丝的宽度大约只有 120 毫米）。建筑师试图追求蕾丝概念的本质，而不是“流行”性重复生产的属性。设计团队扫描了所选的蕾丝图案，在电脑里建 3D 模型，然后用数控铣床制造一个中密度纤维板（MDF）模型，再用橡胶定制一个 11 米长的模具，浇筑混凝土水泥板。这个图案上的网孔，填充着自然主义的图样，“像植物或窗花那样”爬满了表面凹凸的巨型混凝土板，恰似果戈里笔下被比作大理石柱的桦树树干上爬满的藤蔓。

在莱斯特的案例中，FOA 建筑事务所在竞赛中汇报了他们的蕾丝选样。他们后来在约翰·路易斯档案馆里选了一些纺织图案，并加以改动，使其适用于特定的功能。为了让幕墙的透明度更高，他们省略了第二层的卷纹。原来的藤蔓花纹图样，经过比例和位置的调整，使卷须的曲线巧似人脸，同时使视线更加通畅。局部纹样做了加粗处理，以控制对太阳光的吸收。幕墙有里外两层表皮，中心镂空，便于维护。幕墙里层的陶瓷面，反射在外层的镜面上。这样做使得图案压缩得更紧，更有张力，看上去更能融入整体。于是，装饰与镜面（二者皆是洛可可风格嗜用的元素）通过一个简单的处理，结合了起来。这种材料效果，带来一种极致的错乱感。藤蔓花纹的图案装饰在这里变得无关紧要，好像 18 世纪的马里沃（Marivaux）的戏剧作品，充满了投射、错觉和双关语感受。

1 Leicester，英国城市。——译者注

诺丁汉的案例中，凹面板的表面装饰和建筑学秩序之间，保持着明显的差异；而莱斯特案例中的这种差异，反被缩小了。莱斯特案例中的装饰，同时具备功能性和装饰性。从文学和形而上的角度讲，这样的装饰，被赋予了“深度”。然而，在这两个案例中，装饰都是很清晰、精巧和复杂的。建筑师一定从蕾丝的这种“小而灵巧”的特质中，获得不少乐趣。

这就是贝努瓦·曼德尔布罗[1]描述的审美感受。曼德尔布罗是分形几何的发明人，他有一篇很少人知道的关于建筑的文章（绝对是少数几个数学家里写建筑的）。文章中，曼德尔布罗区分了尺度绑定对象（scalebound objects）和缩放对象（scaling objects）。前者拥有少量的尺度特性，如长和宽，每个尺度特性有不同的值；后者拥有大量的尺度元素。他认为：“缩放对象有很多不同的尺度，它们交织互动，和谐相融，以至于无法互相区分，而是融合成一个连续的整体。”

在尺度绑定对象的众多例子中，曼德尔布罗提到了巴克敏斯特·富勒的球形雷达罩和“包豪斯风格与玻璃盒类建筑”。对缩放对象而言，除了给著名的山脉、河湖和海岸建立计算机模型，曼德尔布罗还提到了加尼叶[2]的巴黎歌剧院——文章写于1978年，是纽约现代艺术博物馆法国美术学院（Ecole des Beaux Arts）作品展的两年后。现在，尽管新古典建筑风格的回归稍有苗头，巴黎歌剧院的装饰（而非其构成）仍继续引起反感。在曼德尔布罗看来，巴黎歌剧院的装饰，代表了他所称的“尺度的审美”。他认为缩放对象分为有趣和无趣，取决于与观察对象的距离，或观察者视野内的多样性。

除了“小而灵巧”的创作者，很少有人比蕾丝的制作者更能分辨这种多样性。与缩放对象一样，蕾丝被关注的尺度有所不同，这取决于观察者把注意力放在哪。蕾丝的基础或网络，由很多单元构成，比如圆形、方形、六边形，纺线可以组织成回路、编结或曲折的形式。它有时可以是零散的树叶图案（麦穗似的装饰性锁边），或是点状图案（雪花似的套纱）。这

1　Benoit Mandelbrot（1924—2010），出生于波兰，法国 - 美国数学家。他力图摆脱狭隘的专业限制，具有极为广阔的学术视野。——译者注

2　Charles Garnier（1825—1898），法国建筑师。——译者注

一切的基础，即装饰的概念或填充图案，看似与设计的概念有所不同。蕾丝的经纱和纬纱是同时制作的，像无声的合奏曲（这一点决定了蕾丝与编织不同，并说明蕾丝有无限种设计方式），连蕾丝的制作者也无法解释清楚。这种精湛的技艺，是多种比例的融合，多种概念的混合。蕾丝还特别精细，它像微型艺术一样，不利于创作者的视力。就像需要淡化和脱离对象的印象主义绘画那样，蕾丝吸收了所有的概念，在纹理中编绘着抽象和具象。

当代建筑同样对纹理十分感兴趣。纹理，即眼睛对看到的图案和材料表皮的感知的印象。就像路斯在一百多年前所说的一样，我们感受到自己所在的时代同样在生产装饰。建筑师们借用、照搬、放大或调整已有的图案，艺术家们偶尔可以按自己意愿去创作。“装饰的艺术”（the art of decoration）代替了“装饰艺术”（decorative arts）。赫尔佐格与德梅隆的作品就是很好的例子。整体来说，人们似乎对重复生产更感兴趣，而不是关注装饰的本身。威廉·莫里斯、路易斯·沙利文和巴布亚人都设计了自己的装饰。但我们没有。

更根本的是，装饰的情感品质现在似乎正在消失。现代主义运动坚持美是不需要装饰的——美从恰当的材料运用和功能中来。然而，基础设施建筑和商业建筑并没有体现出自然美，整个现代审美的现实让人有些失望。我们反而能在保护下来的历史城市遗产中看到美。它们以商业发展附属品的形式而生存下来，比如偶尔渲染天际线的标志建筑，或是遵从规范的建筑外立面。装饰因美的衰弱而生，人们不再认为它有情感和神圣的特质。它失去了魅力，多了份伤感。

德国罗滕堡玩具博物馆藏品，邓靖摄影

参考文献

Peter Ward-Jackson, Rococo Ornament: a History in Pictures, V & A, 1984.
Marie Risselin-Steenebrugen, Trois siècles de dentelles aux Musées royaux d'Art et d'Histoire, 1980.
Neutelings Riedijk, At Work, 2004.
The Function of Ornament, edited by Farshid Moussavi and Michael Kubo, 2006.
Benoit B. Mendelbrot, "Scalebound or scaling shapes: A Useful distinction in the visual artsand in the natural sciences", in Leonardo, Vol. 14, pp. 54-47, 1981.

Photography 摄影

玛丽亚・兰茨（Maria Lantz）
瑞典，摄影师 / 教师

摄影和建筑的紧密关系，建立于摄影的婴儿期。就像舞伴、玩伴和竞争对手，这两个学科之间有一种艺术性相互作用。他们之间的相互依存和影响十分普遍。但是，摄影和建筑并不只是联系紧密，它们的关系好比共犯，一起影响着其他学科。它们不纯粹，不甘于被归属于某种类型，比如艺术或实用，技术或审美，科学或诗歌。它们更愿意同时是艺术、实用、技术、审美、科学和诗歌。

照相机在摄影的发明以前就已经存在了。最早的可能追溯到千年以前，人们在室内或山洞中，发现了光的奇特效应。当光透过暗房特定条件下的小圆孔时，在对面的墙上会投射出一个上下颠倒的室外影像。仿佛魔术一般！世界上第一台相机叫作“camera obscura”，拉丁语是“暗室”（dark room）的意思。

值得注意的是，相机的词源，与表示家与建筑的词有关。相机的基础，即没有镜头的盒子，英文是“机身”（camera body），瑞典语为“相机的房子”（kamerahus）。连接相机的镜头，好似眼睛，连接着“身体”或“房子”。而“房子”在大部分北欧语言里，是有眼睛的，“vinduer”相当于英文“window”，直译就为“风眼”（wind eye）。因此，相机和“身体、房子、眼睛”是息息相关的。

实际上，我们所知的暗箱就是相机的前身。它通过透镜和投射镜实现了摄影。但是，直到短暂性投射影像能够被永久性存储且不再需要手绘的时候，真正的照片，即“光迹”（light script），才最终形成。这一刻发生在 1830 年，人们发现了银盐的曝光反应。这个化学发现，给视野和记忆带来了决定性变化。如今，不同时间的事物都可以通过摄影的视觉传达而呈现。

如果最早的相机可以描述为屋子，那么最早的照片正是从屋内向室外的摄影，表现风景和建筑。达盖尔[1]那张著名的巴黎影像，捕捉到城市建设背景下一个鞋子亮闪闪的人物，还有奥斯曼大街上刚刚种好的一行行的新树。尼埃普斯[2]拍摄的乡村一景别有不同，他用光和影勾勒出建筑的身影，照片粗糙的颗粒度处理有种抽象主义的效果。

建筑摄影具有美感和表现力，它让建筑、时间和空间可以移动、精简和再生。摄影取景十分重要。摄影可以提升一处场所或一件物体的价值，即视觉感。摄影的日常化和打印的普及使其成为建筑师的职业工具。摄影可以记录和表现一幢建筑从中标到建成的过程，这些信息可以通过杂志和海报迅速地传遍世界。所以，摄影本身是种表现与见证，但不等于概念性和实体建筑。

然而，建筑作为摄影取景对象，有些古怪之处。这种古怪在于，建筑作为最极致的三维立体人类发明，有许多无法移动的内外空间和立面，它们需要时间去理解。这个独特的现象使建筑在相机发明早期便成为摄影的首选对象。摄影表现是二维的，平整而小巧，可以大量生产和携带。那么，建筑摄影是如何成为建筑认知和评价的重要方式呢？

建筑史学家科洛米纳[3]在《公共与私密》（*Private and Public*）中称，现代建筑之所以“现代”的原因是媒体，包括摄影。因此，现代建筑离不开摄影、印刷和消费。媒体交流是现代主义、资本和传播的本质。摄影在其中扮演着重要角色，它不仅把建筑的理想传播到世界各地，同时还反映出世界各地的风情。

人们通常认为摄影的发明和 19 世纪的其他发明，如电报和火车的发

1 Louis Daguerre（1787—1851），法国艺术家和摄影师，被称为摄影之父。——译者注

2 Nicéphore Niépce（1765—1833），法国发明家，被认为发明了摄影。——译者注

3 Beatriz Colomina，西班牙 - 美国建筑历史学家。——译者注

明相关。但是，摄影更像是种“魔术”，因为它似乎可以同时出现在两个地方或时间点，这很不自然，甚至超越自然。这使我们感觉事物颠倒，并惊讶地发现，我们从此不再能分辨出什么是真实的、创造的、梦想的或现实的。摄影的这个特质在它的婴儿期就十分明显。那时，摄影师就像会魔法，难以捉摸，充满灵异。因此，他们的表演也是煽情的、精彩的和非凡的。这种现象可以用语法术语描述：通过摄影，“当时”（then）可以转化为“这里”（here）和“现在”（now）。摄影其实是种时间或时态转化过程，它可以随时记录正在发生的一切。摄影是一种索引符号，好像沙漠里的脚印，是过往的凭证。当然它还有图像记录本身的含义。摄影，是魔术与科学的结合，尽管我们可能忘记了这一点，然而这是摄影最独特的吸引力和性能。

照片很快成为大众工艺品。对摄影的使用遍及社会各层面，包括科学考察、明信片、艺术戏剧、色情影照（pornography）、犯罪学调研影像和战争纪录片等。摄影成为一种装饰，以明信片、艺术品或收藏品的形式被展出和交易。之后，还出现了照片杂志和业余摄影。科洛米纳在描述勒·柯布西耶和取景窗时说：“事实上，20 世纪前半叶，摄影吸引了相当多的当代旁观者，以至于摄影成了一个建筑元素。”她认为从取景窗里看到的画面富有装饰性，凝视它就像在看一幅照片。然而，如果我们把视角倒转，站在取景窗外部向建筑内部看去，特别是在傍晚灯火通明的时候，室内的私人空间便一目了然，“室内”变成了“室外”。因而，取景窗也是一个从外向内的景框，是一种私人空间的视觉传递。摄影一直力求使私人空间公共化。20 世纪 20 年代发明了微型相机，此后便出现了室内照片。随之带来了大量展示私人空间的照片出现在杂志中，比如《时代》[1]《生活》[2]，还有瑞典的《照片》（*Bild*）和《注视》（*Se*）。这些杂志都非常成功，它们捕捉到世界的每一处角落，包括名人、影视明星、政客和普通人等。

1　*Time*，美国著名周刊杂志，创刊于 1923 年。——译者注

2　*Life*，美国周刊杂志。早期以幽默和大众焦点为主要素材。1936 年被《时代》杂志创始人亨利卢斯（Henry Luce）独家购买后，杂志以摄影期刊为特色。1978—2002 年间，杂志以月刊发行。——译者注

私人空间被理想化，而且被认为是有趣的。通过摄影，私人空间和公共空间开始互换角色。私人空间变成公共空间，而公共空间，如公共媒体，成为私人空间的消费品。

这便是我们的当下。图像消费不但很难消失，反而在数码时代下更加强盛。我们一天会看多少张摄影图像，一千张？

我们似乎已经默许这种图像过剩。我们生活在一个摄影图像文化的时代，以摄影作为我们共同的参考资料。摄影替代了私密的记忆，减轻了视觉的负担，也可能解放了视线。因为有了相机，我们不再只靠眼睛收藏信息。如理查德·克拉里（Richard Crary）所说那样，我们可以让凝视成为一种享受。

窥视癖，即由窥视而获得的愉悦，在我们的时代随处可见。勒·柯布西耶引入取景窗作为建筑的投射屏，用来呈现室外的风景和室内的风情。这种手法如今已成为一种建筑准则。我们向往光影，因此建筑设计频繁使用玻璃幕墙。透明的建筑，比如“圆形监狱”（panopticon），让我们体验到透明性带来的监督效应。建筑与摄影在“展览主义”和“窥视主义”中，既是方式，也是结果。我们不再把世界投影在家中，而是把家展示给世界。

从“暗室”到“暗箱”，再到内外景倒置。一个房间成为一个投影、一张图像和一幅照片。

悉尼歌剧院的外壳，李彦伯摄影

Slit 缝隙

约翰·林顿（Johan Linton）
瑞典，建筑师 / 土木工程师

建筑是一种包罗万象的复杂建构。它包含着建筑历史上关于古老传说和人物故事的各种交汇。即使表面看似简单的元素，也是再次创造的，或是在不断的新连接和新转译中衍生的。这种常见的建筑现象，可以恰当地比作缝隙或切口。但这种定义方式似乎仍然不是很清晰。所以，与其把建筑看作一种诠释，不如把它当作一种千变万化的自然叙事。

缝隙，早期有建筑防御的功能。墙壁、塔楼和挡土墙上的狭缝似小圆孔，是建筑防御装置，用于从内向外瞄准，从外面不容易看出来。它们使建筑内外的空间形成两极关系。这两种几乎对立的空间形态，在蒙特城堡（Castel del Monte）中得到很好的体现。精细的建筑缝隙和几何式巨石城堡，形成了鲜明的对比，“有”和“无”的反差感鲜明。护城河是另外一个很好的例子。一条很深的沟壑架在两个不对称的空间之间。屏障和它们上面的空间形成强烈的反差。虽然以上例子都是关于防御的艺术，但是我们不会忽略可能还有其他因素促成这种设计。就像建筑的其他元素一样，缝隙具备美的价值，它通常可以转移和分散纯功能性设计。

纵览历史，我们还发现这种小孔径缝隙有其他的空间用意。比如，罗马式教堂的窗户有时像缝隙一样狭窄，这是特意为室内气氛设计的，而不是为了防御。这个例子中的缝隙代表连接，用窗户去连接两个开放的空间。这样的开口，从某种意义上讲，体现一种两极性。然而，缝隙体现了一种更加非对称的关系，它起到连接的作用。

那么，什么是缝隙的效应呢？不同空间通过缝隙可以连接起来。除了作为采光和观望窗口，缝隙让相邻的两个空间温柔地衔接。这种现象在卢齐欧·封塔纳[1]的刀痕画布中体现得十分彻底。艺术家表现的不仅是一组表皮上的间隙线，还有细线四周的三维动态切口。作品表现出一种空间的张力。然而，缝隙正反面的特征不尽相同。封塔纳的画，表现的是这种刀痕切口带来的缝隙效应。赫尔佐格与德梅隆设计的铜制护套信号箱，是这种“切口帆布”的立体版演绎。和窗户一样，缝隙还揭示了建筑的元素和材料。有了缝隙，在房间里就可以了解到墙壁的厚度和建筑的表皮。

现代主义的兴起，带来了很多前所未有的窗户创意。比如，建筑的整个立面都可以是玻璃的。与此同时，缝隙在建筑中得到了更广泛的应用。建筑师对孔径尺度的原则，进行了相似与差异化的探索。现代建筑实用性地和功能性地应用了缝隙。比如，缝隙可以在开窗面积有限的小房间中，用于引入足够的光源；或者在面积大的房间中，用于保护室内私密性和避免过度光照。因此，可以说缝隙在早期现代主义的建筑和项目中得到复兴。雪铁龙住宅（Maison Citrohan）在巴黎秋季艺术沙龙[2]上展出，从中我们看到勒·柯布西耶对比性地应用了大面积的条形开窗和缝隙式的开窗，这是相对实用性的；后来他在朗香教堂（Ronchamp）和拉图雷特教堂（La Tourette）中应用的缝隙式开窗，则更具有暗示性和神秘性。其他现代主义建筑师在他们的作品中，也从实用和审美出发应用了缝隙，比如弗兰克·劳埃德·赖特、路易斯·康和马里奥·博塔[3]。卡洛·斯卡帕[4]以缝隙为主题，在布里恩（Brion）家族的墓园中，展示了建筑中缝隙的各种变化和潜能。

---

1 Lucio Fontana（1899—1968），意大利著名艺术家、雕塑家。他是空间主义的创始人，与“贫穷艺术”关系紧密。——译者注

2 Salon d'Automne，始于 1903 年的年度巴黎艺术展览。——译者注

3 Mario Botta（1943— ），瑞士建筑师。他的建筑理念主要受勒·柯布西耶、卡洛·斯卡帕和路易斯·康的影响。——译者注

4 Carlo Scarpa（1906—1978），著名意大利建筑师。他的设计主要受材料、景观、威尼斯传统与日本文化的影响。——译者注

赫尔佐格与德梅隆在巴塞尔设计的舒曾马特街(Schützenmattstrasse)公寓的外立面是一个缝隙和墙面有趣结合的案例。这个很窄的建筑立面还表现出，这类街区“填补型”项目可以视为缝隙和建筑之间的互动关系。

当代建筑的实践突破了传统主义，在新建筑技术的支持下，缝隙有了其他的应用方式。建筑师丹尼尔·李伯斯金和彼得·埃森曼设计了孔径式缝隙。他们认为缝隙是建筑抽象化和预设体系投射在建筑中的结果。李伯斯金设计的柏林犹太博物馆是最有代表性的作品。建筑的外立面和室内，到处都有明显的“缝隙”，部分建筑室内还有如缝隙般的窄小空间。如果说，以前缝隙是由建筑的结构所决定，那么在这个案例中，建筑结构顺应刻意设计的缝隙而调整其存在。另外，埃森曼的第六住宅（House VI）也是一个典型的例子。建筑在最亲密的居住空间中的墙壁、天花板和地面上，设计了一道道“缝隙”，手法与李伯斯金的建筑相似。这些例子中的“缝隙”，让我们想起学院派建筑[1]中，形式元素被挪用到建筑外表上。

如果我们最终从个人角度去思考缝隙的特征和属性，则不得不提起像菲利波·布鲁内莱斯基[2]一类的建筑师。布鲁内莱斯基在苍白的抽象表皮上，对灰色的、似排骨一般的元素的准确把握，可以被看作对缝隙的一种负面使用，但是仍带来一种亲切的效果。佛罗伦萨的圣灵教堂（Santo Spirito）中的狭窄高窗也体现了这种用法。

这些从不同历史和文化语境中选出的少量案例，足以说明事物的多样性和多样化用途。即使是再精细和系统的诠释，也无法避免结构叙述中必然的转换和缝隙。

1 Beaux Arts architecture，符合巴黎高等美术学院教授的学术新古典主义风格的建筑。——译者注
2 Filippo Brunelleschi（1377—1466），著名意大利建筑师、设计师、工程师和规划师。他是意大利文艺复兴的奠基人之一。——译者注

钢琴琴键，李越摄影

Technology 科技

约瑟夫·里克沃特（Joseph Rykwert）
美国/英国，宾夕法尼亚大学建筑学荣誉教授

希腊语 techné，是指一切技术的创造物；而 technikos，是指有技术的创造者或手工艺者；archi-technikos，则是指领袖级手工艺者。很多欧洲语言中的 technique，都派生于这个希腊语词源，意思是“技术”。英文 technology 的后缀 -logy，也是从希腊语 logos 而来。logos 是个很重要的词，可以表示“论述”，甚至是“方法”。

建筑依赖于技术。动物有搭建能力，如海狸和园丁鸟，还有白蚁和刺鱼，是因为它们在进化过程中发展了搭建栖居之处的本能。而人类发明了“技术”，技术可以改造和改进，它是一种才能。

科技（technology）是一个现代词。它是在 18 世纪从法语引入英语的，那个时候后缀 logie 被很广泛地应用在不同的词中。柏拉图和亚里士多德所说的 theology（神学），是第一个应用 logie 的词。亚里士多德在研究说服技法（即修辞学）的时候，创造了“科技”这个词。随后还创造了占星术（astrology）和地质学（geology）。但直到 18 世纪，technique 和 technic，在欧洲语言中都不常出现。

建造技术和建造程序，有着一样悠久的历史。那些源自 tek 或 tech 的希腊词，原来表示木工，大概是模仿锤斧的敲击声。但是，这些词被用于工艺大类，可能是因为它们和许多表示编织的词相关。编织的词根是 tex，语言学家常把 tex 和 tek 联系在一起。19 世纪历史学家认为编织是原始工艺，这在现存最早的人类居所中得到验证。在德涅斯特河和莱茵河北部山谷中，发现了旧石器时代（公元前 3 万年—公元前 2 万年）留下的用兽皮、树枝和动物骨骼搭建的小屋，展示出捆扎木料和大型骨架的技术，还有毛皮护理和缝纫的知识。这表现出建造者充满野心地想要建造一个华丽的住所。他们用猛犸象长牙做入口的景框，把毛皮平整后披在帐篷的表面。其实这并不意外，同时代在西欧也有洞穴画匠，可惜我们对他们的建筑了解甚少。

建筑技术发展于最早出现农业的新月沃土。由于种植和畜牧的需要，人们设计了很多新的庇护所，主要以木材和干草为材料，在烘干泥土技术出现前，也有以晒干泥土为材料的。我们不太清楚第一扇泥土墙是什么时候出现的，也不太清楚第一个农居部落是什么时间形成的。居住部落的出现，可能更早，而且独立于建造技术的发展。我们所知道的第一个城市群落耶利哥（Jericho）古城，建于公元前 9000 年，它使用了石灰浆加固土砖的技术。这个技术也被用于丧葬仪俗中颅骨的面部翻模。在安纳托尼亚南部的城市加泰土丘（Çatal Hüyük）和哈西拉（Haçilar），出现了精湛的抹灰技术，为彩绘和浇筑的装饰物提供基础，其中有些技术是与动物残骸相结合，特别是头骨和角。这些记录下来的技术甚至形式的代际延承，说明人类发明了可以传播和学习的技术。

另外，建筑工具也是逐渐完善的。比如斧子，在成为工具之前，它是武器。在新石器时代，斧子发展成扁斧，斧锋与把手垂直相交，是现代刨子的祖先。在森林茂密的北欧，石斧被用来砍伐树木与修整环境，人们还用它建造了第一座小木屋。由于北欧的潮湿，木材的耐久性还比不上新月沃土最易碎的砖。因此，我们可以说，我们对石斧的了解比对用它们建造的建筑更多。

砖和陶的建筑技术，来自两河流域[1]，而石材建筑最早则出现在伊朗高原和埃及。它们都是从希腊继承而来，后经罗马人改造。罗马人还设计了砖砌穹顶。大多数砖石的建造者很喜欢木材的抗拉强度，于是就有“黎

1 Mesopotamian，底格里斯河 - 幼发拉底河流域的平原区域，其主要部分在今伊拉克境内。——译者注

巴嫩雪松”延续千年的出口价值。然而，在世界上某些地方如中美洲、印度次大陆的大型石砌建筑里并未发展出类似的结合抗压与抗拉的技术。

中世纪的建造者发明了很多穹顶的形式。他们使用高级几何切割技术分割小石块，巧妙地用支撑和平衡把大面积的墙体从结构中解放出来，从而激发了玻璃科技的发展。16 至 17 世纪西南欧的建造者们主要使用这种技术。而同期，木结构在北欧和亚洲得到广泛应用，最精妙的木结构应用是在东亚。

在 18 世纪下半叶，由于钢铁生产的工业化，许多其他科技也开始迅猛发展起来。其中包括玻璃工业、钢筋混凝土和新能源的发展。对数学技能的需求导致了“工程师”这个职业的形成，全球许多城市开始有了新的理工学院，如 1794 年在巴黎，1815 年在维也纳，1825 年在卡尔斯鲁厄，1838 年在德累斯顿，1853 年在苏黎世。这个新兴专业也为建筑师提供了技术支持，尽管它后来发展得不尽人意，导致许多工业建筑没有“建筑”成分。到 19 世纪末，高层建筑大量应用了已实现的技术手段。先进技术（如玻璃的结构性应用）在 20 世纪更上一层楼，人们称之为“高科技”（high technology）。事实上，在那之前的几十年中，人们对高科技的热情已经使其成为一种主导的线性方式和风格，昵称“高技派”（high-tech）。这种高科技的特征，是强调科技装置的装饰性，比如结构布线；除此之外，这种青睐金属和玻璃表皮的风格，显得极为平淡。到 21 世纪，这种趋势被新的科技成就替代，人们开始设想通过高科技去促成或刺激一些随意和夸张的形体出现。

在 20 世纪末和 21 世纪初，由于信息科技的影响，建筑界发生了很大变化。这种变化更强烈地体现在设计事务所，而不是在建筑现场。尽管仍然需要高科技带来的结构解决方案，但是计算机建模似乎已经把建筑师从建筑垂直正交的本性中解脱出来，通过高科技手段实现那些随意和夸张的建筑形体。

蜂巢

Tradition 传统

维多里奥·马尼亚戈·兰普尼亚尼（Vittorio Magnago Lampugnani）
瑞士，建筑师/苏黎世联邦理工学院城市设计历史教授

如今用创新来描述城市、建筑或商品设计，是一种赞美。只要有创新之处，不论是什么，都被认为是种品质。

然而，历史上并非一直都是这样。以新奇为优点，是从浪漫主义艺术评论时期开始的。18世纪下半叶以前，和谐、完善、平衡和完美，是评判优良的关键词。随着浪漫主义的到来，情况有所改变。充满张力、意犹未尽，出奇和创新，代表好品质。

这个标准适用于所有的艺术形式，而且无一例外地一直持续到现在，甚至包括那些很具体的艺术形式，如城市规划和建筑设计。它们近期的发展史，让我们认识到长久以来有一系列旨在以外观吸引眼球的实验。仿佛那些最令人惊讶、难以置信和奇奇怪怪的设计，自动地成了最值得关注和为之鼓掌的对象。

对这种评判的质疑，使传统艺术评论和生产走向危机。一些值得同意但不够让人信服的质疑观点接踵而来。持这些观点的人认为，好设计便是艺术，反之则是一种风格。

如果我们把设计看作工艺，它们价值的等级是全然不同的，这是关于适合度的问题。工艺不要求（也不接受）实验主义，它需要在规则和智慧的牢固基础上逐步建立和发展。它从来不接受突变，而追求必要的持续性。

当然，工艺允许调整、改造和适度改进。工艺不是一成不变的、循规蹈矩的封闭事物。那样的话，工艺早就死了。设计也是一样，是逐步发展起来的。每一个新设计，都在打破其本身的局限性，重构规则并延展视野。

初看之下，这些可能还太微小。我们的眼睛现在习惯了前卫粗暴，失去了观察细微变化和差异的能力。但是，正是这些细微的变化和差异，承载着十年、百年乃至千年的城市规划和建筑设计的知识。罗马建筑非常不同于希腊建筑，然而它们的差别从外部表象看却十分微小。文艺复兴时期的设计文化与古代时期的截然不同，但它们用的都是同样的基础元素并用相同的规则组合起来。18 世纪以前的城市、建筑和器物的发展，是基于不断的变化和微妙的改革而延承的。在那以后，变化更加迅速和激烈。以至于到 20 世纪前半叶，这些变化颠覆了一切规则。

这个过程是不可挽回的，然而我们相信，它已经结束了。所有的悖论都已经尝试过了。它们不能被忽视，也不可被替代。或许，它们之中还有重复。然而，一次冲动经过两三次反复，也就灰飞烟灭了。永久的反抗，最终成为法则。剩下的只需将前卫也看成一个历史时期，看成属于过去的。我们需要再次看到，当下并不是指某种自主阶段，或是脱离历史的变革，而是有待反思和调整传统的一个时期。

这并不是说我们要走回头路。就像前面已经提到过的，历史改变的过程是不可逆转的。相反，问题在于如何理解所处的时期，并使之成为一种优势。

创新有利于设计的发展。我们不要再依靠个人之力，而应该倾向于去共同建立能够经得起时间考验的稳固基础。这需要人力、物力和时间的投入。传统，不是贵族一样的世袭制，它是通过学习和进取而获取的。只有传统，可以让物、建筑和城市永恒。只有传统的力量，可以超越所有肤浅的形式，创造醇正的风格。简言之，只有传统，才能应对过度图像消费的时代挑战，引导我们走向节约型社会。

保罗·瓦雷里[1]在谈到他作品时坦率地写道："……我不盲从迷信。我的古语创新是否能成立，取决于它们是否使用得当、能带来的行动力和所处的领域。"他的同辈人和友人奥古斯特·佩雷[2]对此回应道："在没有背叛现代材料或项目的情况下，一个人的作品看上去好像因循守旧，即看上去很普通，但那个人可能就已经很满足。"

法国诗人和建筑师曾告诫：让我们在感觉正确和合适的时候采用传统形式；让我们不要忽略当代的条件，去创作看似一直存在的作品；让我们避免无用的发明和无谓的改变；让我们不再害怕平庸而是注意挖掘隐藏的优雅；让我们在微妙的创新面前有所选择。

20 世纪建筑的前卫追求中，最关心的是现代性，以展现属性和特征为上，包括材料、技术、工作方法、风格、艺术和生活。从未来主义开始到 20 世纪 70 年代，规划师、建筑师、手工艺师和工业设计师的项目和宣言，一直在重复他们对形式和内容的痴迷。

暂且不看深层含义，"现代"这个词，原来是指"我们现在的存在"。它的词源学含义比其字意要深远。它表示与过去决然脱离，将自己投射到现在或将来。

前卫主义从原理上讲未曾影响设计，更没有实现设计。20世纪20年代，技术只是一种建筑的表象。那个时候有很多关于工业化建筑、新型建造模式和现代科技的言论。然而，除了少数几个例外，大多数建筑还是用砖和砂浆来建造，而且还一度谦虚地隐藏在一层单薄的白色灰泥之下。这层白色灰泥，再加上另外几个部件，如平屋顶、长条窗、立柱和源于海船的铁质栏杆，一起代表了建筑的现代品质。

设计文化是在现代主义的狂热中产生的，它常与现代形式主义绑在一起，而且很快形成一个高端社交圈。支持这种语言和比喻的，就是圈内人，反之则是圈外人。这种莫名的歧视，和很多其他怪异的分类一样，受到流

1 Paul Valéry（1871—1945），法国诗人、哲学家。——译者注
2 Auguste Perret（1874—1954），法国建筑师和企业家。——译者注

行的党派史学论影响。比如说认为朱赛普·特拉尼[1]是现代建筑师，而马西诺·皮亚琴蒂尼[2]不是现代建筑师；阿达尔贝托·利贝拉[3]是现代建筑师，而乔瓦尼·慕齐奥[4]不是现代建筑师；路德维希·密斯·凡·德·罗是现代建筑师，而海因里希·特森诺[5]不是现代建筑师；勒·柯布西耶是现代建筑师，而费尔南·普永[6]不是现代建筑师。

我们现在当然知道这种"好与坏"的分类十分无理取闹。所有这些建筑师都是现代建筑师，因为他们都在同样的大众社会、工业高度发达和反历史主义的文化中工作。我们都很清楚这一点，但是我们不甚满足，因为我们已经不再纠结于"现代性"。

我们想要把建筑当作一种工艺。但论工艺，现代性的概念完全站不住脚。

现代性的概念，意味着一道界线，一道相对于不是"现在"和不属于"我们"的界线。然而，在工艺界没有所谓的界线。现在和过去密切相关，城市规划和建筑的三千多年历史，是一个整体。而且，因为是集体建设的，所以也全部是"我们"的。传统，是我们工作经验的一个隐藏部分，它也是属于"我们"的。

我们的大师，我们去模仿的对象，我们旅行的伴侣，可能是当代或历史上的任何人。亨利·福西永[7]曾写道："每个人首先都是他／她自己和所处时代的同辈人，但他／她也是自己所属精神团体的同辈人。艺术家更是如此，因为他们脑海中的那些故人朋友，并非存在于记忆中，而是与之同在。他们就在眼前，十分鲜活。"

我们不是艺术家，只是手艺人。但是对我们来说，这些前辈和朋友也是活着的，是与我们同在的。他们曾经以与我们同样的技艺和原则去实践。然而，他们同时也可以是哲学家、文学家、画家和雕塑家。他们用不

---

1 Giuseppe Terragni（1904—1943），意大利建筑师。——译者注
2 Marcello Piacentini（1881—1960），意大利城市理论家。——译者注
3 Adalberto Libera（1903—1963），意大利现代运动的代表建筑师。——译者注
4 Giovanni Muzio（1893—1982），意大利建筑师。——译者注
5 Heinrich Tessenow（1876—1950），德国建筑师、教育家、城市规划师。——译者注
6 Fernand Pouillon（1912—1986），法国建筑师、城市规划师、作家。——译者注
7 Henri Focillon（1881—1943），法国艺术历史学家。——译者注

同方式，包括无名的方式，对看似与他们无关的原则体系的建立作出贡献。因此，现代主义运动中有许多大事，比如希波丹姆（Hippodamos）、菲利波·布鲁内莱斯基（Filippo Brunelleschi）、多纳托·布拉曼特（Donato Bramante）、巴尔达萨雷·佩鲁齐（Baldassarre Peruzzi）、伊托尼-路易·布雷（Etiennne-Louis Boullée）和卡尔·弗里德里希·申克尔（Karl Friedrich Schinkel），还包括乔托（Giotto）、皮耶罗·德拉·弗朗切斯卡（Piero della Francesca）、安德烈亚·曼特尼亚（Andrea Mantegna）、安格尔（Ingres）、保罗·塞尚（Paul Cézanne）、但丁·阿利吉耶里（Dante Alighieri）、威廉·莎士比亚（William Shakespeare）、古斯塔夫·福楼拜（Gustave Flaubert）、罗伯特·穆齐尔（Robert Musil）、乔瓦尼·巴蒂斯塔·维柯（Giovanni Battista Vico）和伊曼努尔·康德（Immanuel Kant）。

有时，我们可以从艺术家布鲁内莱斯基或皮耶罗那里学到更多，因为他们面对和解决的也是我们共同的问题。他们是工艺和艺术的巨人。申克尔和穆齐尔则更为突出，他们的工作条件和我们更像。所以，我们发现自己也是现代的。现代并不是现代主义，不是风格的选择，而是一种条件。如今，善良的同辈建筑师都无法逃避这种条件。如果他们的实践很优秀，那一定是与生活紧密相连，并尊重其所处时代条件的。他们不会为了追求时代的幻影而忽略这种条件。简而言之，他们不会把个人强加于所处的文化和设计。

这种文化对我们来说，不可避免是现代文化。

Transformation 转变

米卡埃尔·贝里奎斯特（Mikael Bergquist）
瑞典，建筑师 / 作家

在文章正式开始之前，我先跑个题，说一下“爵士”和“服饰”。我最近接触它们比较多，尽管它们与建筑没有太大关系，但与这篇文章的主题相关。首先，我想说一下美国艺术评论家大卫·希基。他在提及自己最喜欢的唱片《查特·贝克歌曲集》[1]时写道：“我从早到晚都在播放这张唱片，它让我感到一种特别的忧伤。它抹去了所有的音乐英雄主义，但却没有否认英雄主义的概念本身。”这张唱片是20世纪50年代末出版的，贝克以美国爵士乐的标准方式演唱。他不屑于在表演中追求评论家们说的“独创性”或唱腔。他没有用任何颤音、美声唱腔或抑扬顿挫的技法。希基评论道：“在当代语境下，贝克不是为了表演而演唱，而是在保留歌曲的本质，用自己的方式去适宜地表现歌曲的内容。”

第二个题外话是《型男》（*Fantastic Man*）杂志的一篇很有趣的文章，作者是比诺·杜特荷特[2]，内容是法国 Négligé[3] 服装风格——高品质和随意搭的法式混合风格。文章讨论了服装尚未被发掘的意识。杜特荷特说，“Négligé 风格”（不同于美国的“随意”风格），既不会出现在服装市场中的盎格鲁－撒克逊国家，也不会出现在崇尚夸

1 *Chet Baker Sings*，1956 年发行的美国爵士艺术家查特·贝克（Chet Baker）的唱片。——译者注
2 Benoît Duteurtre（1960— ），法国小说家，音乐评论家、音乐家和制片人。——译者注
3 法语，描述一种源自法国的风格，以类睡衣式的随性的女性服装为代表。——译者注

张和完美主义的拉丁语国家。没有人可以教授这种风格，因为每种风格策略都是个人的，而且那些风格的创造者不认为自己可以教授风格。

曼弗雷多·塔夫里[1]在《建筑与乌托邦》（*Progetto e utopia*）关于实验建筑的一章里评论道：前卫运动，无论是18世纪的改革建筑还是20世纪的现代主义，都是特立独行的。它们并不解释理由，只渴望建立一个全新的世界。另一方面，实验建筑在其传统内发生了一些转变和断层。它缺少中心，自我矛盾，同时有多种语言，且表现画面冲突。这是塔夫里对前卫的神话、价值体系和方法的一种激进而生动的批评。实验建筑以18世纪的古典时代晚期（late classical antiquity）、哥特式石构建筑（stone Gothic）、矫饰主义（Mannerism）和实验主义（experimentalism）以及现代主义（modernism）作为形式，挣扎在自身的语言较量中。它实际上不是一场彻底的改革，而是最积极的实验结果。它们就像定时炸弹，一定会在未来的某个时间爆炸。建筑需要以提问的形式展开，而不是陈述。实验建筑是一种从内而外的颠覆转型。

案例一

18世纪中期，建筑师乔瓦尼·巴蒂斯塔·皮拉内西[2]创作了一系列蚀刻画，取名“想象的监狱”（*Carceri d'Inventione*）。这个系列的第二稿即终稿共有十六页，上面画着似乎无尽的地下迷宫式监狱的神秘图像。画面此起彼伏，循环反复。这里我不想讨论古典主义的几何式空间，而是想告诉大家这组多样化、怪形体和非整合的画面，实际上是对“中心”这个概念的系统化批评。

重构皮拉内西的视角，我们发现那些复杂的建筑结构，是从多个房间随机组合而来。我们还发现皮拉内西并没有遵循透视规则，他的画中用的不是常规的一点透视，而是散点透视。

---

1 Manfredo Tafuri（1935—1994），著名意大利建筑师、历史学家、理论家、评论家。——译者注

2 Giovanni Battista Piranesi（1720—1778），意大利著名铜版画家。——译者注

1792 年 8 月 27 日，建筑师约翰 · 索恩[1]在伦敦市中心的林肯律师学院广场（Lincoln's Inn Fields）12 号买了一幢房子。这个地址是精心挑选的，离他当时的一个大型在建项目（英格兰银行新大楼）的工地很近。索恩原来的计划是改造他买下的这座房子，但是后来他决定拆旧建新。新房的建设花了 18 个月，索恩和家人是 1794 年搬进去的。

15 年前，索恩在必修的游学旅行中去了罗马。他带着对皮拉内西的印象和大量古董碎片收藏回到伦敦。就在林肯律师学院广场的房子里，在原本以为将会是他最后的家的地方，索恩继续着他的历史迷宫旅行。在这里，在散落一地的考古碎片中，他打算创作自己的"想象监狱"。

日积月累，索恩收藏的图书、绘画和雕塑越来越多，到了无处存放的程度。他玩笑般地想把自己的房子延伸到邻居 13 号的后院。1808 年 6 月 11 日，他出了三张草图，计划做"壁柱房"（pilaster room）和分隔式的"地下墓穴"（catacomb）画廊。那个月末，索恩去邻居家吃饭，提出设计方案，结果那家主人出乎意料地答应了。于是，13 号后院也变成索恩家的一部分——"圆顶"，后来变成他的私人博物馆。这个建筑刚完工，便迅速布满了古董碎片和石膏模子。

来到索恩家的门厅，好像进入一个魔法世界。迷幻错杂的房间，窄小的过道和楼梯，意外的变层、天光、开窗和镜子（一个房间里至少有 90 个）。像梦一样的世界，不知何去何从。索恩把一些经典遗迹复建在博物馆的后院，与哥特式碎片和新古典主义细节放在一起。

13 号的房子空间比索恩本来的住宅要大。1812 年他说服邻居做了个交换。1823 年他买下东侧相邻的住宅，即 14 号。索恩接着把屋后的马厩给拆了，用作"图像厅"（Picture Room）和"僧侣会客厅"（Monk's Parlour）。之后几年，直到索恩去世，他一直在做些大大小小的改造。

1 John Soane（1753—1837），英国新古典主义代表建筑师。——译者注

案例二

“卡普里岛[1]最荒野和美妙的地方在小岛的东南方，那里了无人烟，充满冷酷感。曲线优美的岬角，如石爪探入深海。这是意大利视野最开阔最动人的地方……那里原来什么都没有。我是第一个在这片自然风景的中心建住宅的人。”

意大利作家库尔齐奥·马拉帕特（Curzio Malaparte）在 1937 年 12 月去小岛旅行的时候，决定在这座岛上为自己建个房子。几个月后，他在卡普里岛东南部买了一片地，就在马苏罗角（Punta Masullo）顶端迎风耸立的崖壁上。那里可以看到绝美的地中海风景。马拉帕特联络了罗马著名的现代主义建筑师阿达尔贝托·利贝拉，请他做设计。那年末，利贝拉完成了草稿。然而，马拉帕特对房子强硬的主观意愿，使他与利贝拉发生矛盾。1940 年，利贝拉试图解除合约。两年后，在 *Stile* 杂志的一篇关于利贝拉作品的文章中，并没有提及马拉帕特别墅。不仅如此，在利贝拉自己的文字里也从没出现过马拉帕特别墅。但是，现在我们知道马拉帕特别墅是利贝拉最有名的作品。我们至今还不是很清楚，到底是谁最终设计了马拉帕特别墅。是马拉帕特自己？当地的建造工人阿米特拉诺[2]？还是利贝拉？或是他们一起？

库尔齐奥·马拉帕特给自己的别墅取了好几个名字，比如“炮垒”（Kasa matte）、“疯狂屋”（Casa matta）和“像我一样的房子”（Casa come me）。马拉帕特希望把这个房子建成能体现他性格的建筑。就像他曾经取的那些名字，建筑给人一种矛盾、厌俗或不安的感觉。建筑的形体、结构和平面较为出格，它既美丽与真实，又挑战着美丽与真实。马拉帕特别墅表现出建筑与自然环境的一种非寻常对比。它好像是从石头里蹦出来的，然后又在地平线上被切断。远处看，这座建筑好像是一个废弃的地堡，或是搁浅在悬崖上的船舶。近处看，会发现它与卡普里岛的当地传统建筑

1 Capri，意大利小岛。——译者注

2 Amitrano，卡普里岛的当地石匠。——译者注

非常契合。建筑的整体建构渗透着二元性和矛盾性。宽大的平屋顶，好像一个巨大的阳台，仿佛与四周景色在对话。建筑的入口在陆地的一侧。马拉帕特每天都在这附近骑自行车或散步。

建筑室内最精彩的部分是主层（piano nobile）的中央大厅。它是一个狭长的房间，两端的墙壁上挂着两扇对称的窗户。室内的家具是乡村风格，地面的石材和室外阳台一样。四扇巨大的长方形窗户，尽收室外风景于眼底，同时还有种局限和控制的双重感受。开放式火炉背后安装了防火耶拿玻璃，人们可以从屋外的海上看到屋内的炉火。

在马拉帕特的自传体小说《皮囊》[1]中，有一段他带着客人参观别墅的描述。当客人要离开的时候，询问主人这栋别墅是买来的还是主人自己设计和建造的。马拉帕特回答说，当这个别墅刚建好时他就买了。他向对面的地中海崖壁、法拉可列尼巨岩[2]、索伦托（Sorrento）半岛、塞壬群岛[3]、远处的阿马尔菲海岸和帕埃斯图姆小镇的闪烁海滩挥挥手，告诉客人道："我设计了这个景观。"

案例三

马尔法在得克萨斯州的东部，距离埃尔帕索（El Paso）三小时车程。在马尔法郊区的标牌上写着这里有 2466 个居民。我相信现在已经没有那么多人了。城市主街道上，有几家商店和墨西哥餐厅，很多房子都废弃了。小镇原来选址在两条高速路相交处，南太平洋铁路与其中一条高速平行，每小时都有货运列车经过，十分吵闹。1956 年上映的电影《巨人传》(*Giant*)（詹姆斯 · 迪恩[4]主演）曾在这里取景拍摄，使马尔法成为焦点。

1946 年年底，美国雕塑家唐纳德 · 贾德[5]乘巴士从亚拉巴马州麦克莱

---

1 *La Pelle*，英文版书名为 *The Skin*。——译者注
2 受海浪侵蚀形成的与岸分离的岩柱，我国称为"海蚀柱"，在意大利称为 Faraglioni。——译者注
3 The Siren Islands，意大利语为 Li Galli，传说岛上居住着海妖塞壬。——译者注
4 James Dean（1931—1955），美国著名演员。——译者注
5 Donald Judd（1928—1994），美国极简主义代表艺术家。——译者注

伦堡[1]经洛杉矶到旧金山，然后赴朝鲜服兵役。那是他第一次看到美国西南部。他给家里发了一封电报：

亲爱的妈妈。我在得克萨斯的范霍恩（Van Horn）。这里有1260人。很美的小镇、乡村和大山。爱你的丹。1946年12月17日17点45分。

1971年，贾德再次回到这里。他想找个地方生活，并创作永久性雕塑。他厌倦了艺术圈，受够了展厅的灯光和奇怪的展示空间，决定了开始做永久性雕塑。他找到一个废弃的军营罗素堡（Fort D. A. Russell），并通过迪亚艺术基金会（Dia Art Foundation）的支持买下了这个地方，开始做自己的艺术。1986年，这里也成立了一个艺术基金会，与附近的一座山脉同名，叫作“奇纳蒂基金会”（Chinati Foundation）。1994年贾德去世后，这里便遵从他的意愿交给基金会管理。

在军营的两个炮兵棚，贾德创作了一组由100个轧铝立方体组合而成的装置。在炮兵棚外的草地上，50个混凝土雕塑站成一排，有1千米长。另外，约翰·张伯伦（John Chamberlain）有一组作品也展示在马尔法城内的一个第一次世界大战时期的机库里。

贾德说：“马尔法，本来应该是个很有创意的地方。这些艺术品，也本该是永久性装置，尽管现在要找适合的建筑室内来展示它们。大多数作品是为破烂不堪的老房子而创作的。如果是新的房子，应该会好一些。然而，我通过改造那些老房子把它们变成建筑。”

唐纳德·贾德是马尔法城市转型的建筑师。他的建筑设计主要是扩展原有建筑，形式有替换新的窗洞、门或屋顶等。他的作品表现出笨拙与永恒之间的平衡，摆脱了所有不必要的束缚，感受和视觉上都很平淡。唐纳德·贾德原本不是一名建筑师，他的设计方式更是一种兴趣爱好，非职业行为。正因如此，他的作品让人感受十分地道。废弃的军营，现在又有了新的内容，那便是艺术与建筑的美妙。

1　原文为 Fort McClean，可能指 Fort McClellan，位于亚拉巴马州的美军驻点。——译者注

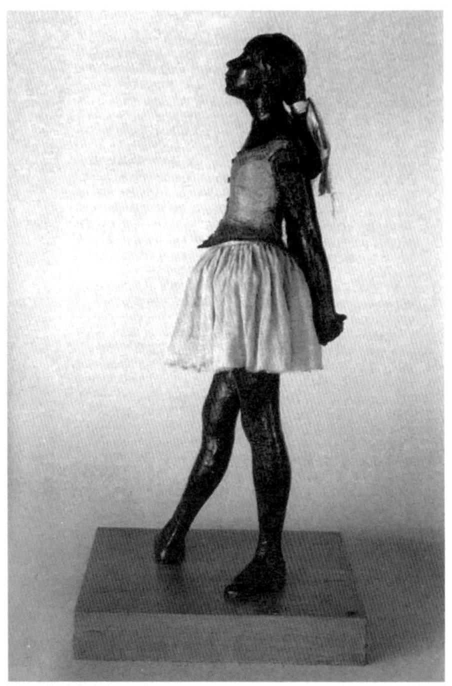

埃德加 · 德加（Edgar Degas）《为穿衣舞者所做的裸体研究》（左）与《14 岁的小舞者》（右）
均浇铸于 1921 年 Printed by permission of Museu de Arte de São Paulo

Wheelchair 轮椅

弗莱德里克・尼尔森（Fredrik Nilsson）
瑞典，建筑师 / 研究员 / 评论家

“轮椅”的概念代表着当代建筑的一种局限。概念本身来自社会规范，对建筑是一种限制，或者是实现理想建筑的挑战。然而，轮椅的概念汇集了建筑的几个很重要的方面。

首先，轮椅与“可达性”的概念相关。它强调空间和建筑的开放性和可达性，提高不同人群进入使用建筑以及体验城市的可能性。“公共空间”设计的一个重要因素就是“可达性”，前者赋予后者政治和民主的内涵。然而，可达性的概念本身，有更广泛的含义。一方面，它呼吁通过科技方式，让人们更容易认知和到达空间，包括小孩、老人和因暂时性疾病或永久性伤残而需要坐“轮椅”的人。另一方面，可达性与空间的结构组成密切相关，空间的层次和建筑的内在，决定了建筑对不同人群的包容或疏离方式。因此，现代建筑对“轮椅”/ 无障碍设计的考虑，让我们意识到一系列更广泛的社会议题、解决方案和理论视角。

其次，轮椅也与空间的“身体体验”息息相关。我们通常依赖身体去体验和感知空间。我们的听觉、嗅觉和表面触觉被视觉引导，去感知、理解和使用空间。身体在空间中的运动，对于身体体验和建筑体验十分重要：身体在空间中所处位置，以及空间的条件变化，包括倾斜角度、高度、光影、景致等，会带来加速、减缓、抵抗和引导等变化。建筑和城市空间的感受，取决于我们是否蹲坐、站立还是移动。

上海自然博物馆的无障碍坡道，罗璇摄影

人可以坐在轮椅上，也可以随轮椅移动，这说明身体与移动工具关系密切。坐在轮椅上和坐在车里的动态基本相同，不过前者可以在教堂之类的室内空间自由移动，而后者局限于马路和城市户外空间。当然，坐在轮椅上的视线高度与行走或站立相比是不一样的，故而身体体验也不尽相同。如何利用这些体验，既是建筑发展的挑战，也是机遇。

再者，轮椅和建筑“技术”的概念也息息相关。因为科技装置可以协助身体，或者拓展空间的可能性和概念。轮椅便是如此。建筑相对而言，总是被动适应新的科技手段，从而改变人们的身体和心理行为方式。不同的建筑装置，可以改变我们的观念和视角。新科技影响了我们对空间的使用和对建筑的概念，以及我们自身的形象和空间定位方式。坡道、电梯、自动扶梯、相移材料（phase shifting materials）、电子屏幕和交流工具，都为当代建筑带来新的可能性。“轮椅”作为科技产品，很具体地改善了需求者的生活，并给建筑的发展带来新的机遇。我们需要保持开放的思想，去探索前沿和传统，数字和模拟，将科技用于挖掘建筑的潜力。

从行业经验和建筑艺术来看，我们不应把当代建筑的条件看成某种“限制”，而要将它作为灵感的来源，从不同角度去思考问题的机遇。更多地关注像“轮椅”这样的概念对于建筑的意义，不仅有益于残障人士的生活，还能带来新的建筑冒险，获得技术的发展机遇，营造可达的建筑空间，并给人们带来身体和艺术的体验。

Why 为什么

奥尔罕·帕慕克（Orhan Pamuk）
土耳其 / 美国，小说家

有时候，我会满怀敬畏地站在一幢 95 岁房龄的建筑面前，默默地看着它。它和那个年代的很多建筑一样，没有外墙涂漆，到处都有泥浆脱落的痕迹，黑乎乎的表皮似乎隐藏着可怕的病菌。它的老化、疏于保养和颓废，让我感到心痛。但是，当我看到它小巧的饰带雕花、美妙的枝叶和带有装饰艺术风格的非对称建筑细节，便可以想象这幢建筑曾经拥有的美好生活。我还看到在建筑的排水口、外墙板、雕饰带和屋檐上，有很多裂缝和洞隙。建筑原来是四层楼的构造，底层是商铺，最上面两层是 20 年前加建的。新加的楼层上没有装饰带，窗户外没有加厚的外墙板，立面也没有精美的手工艺。有时候，这些加盖的楼层，都不一定和原来的楼层等高，更别提有一样的窗户了。由于改善住宅环境的需求、法律的漏洞和市长的管理不足，这些建筑加建，大多是潦草完事。一般只是在刚建好的那一会儿，加建的部分看上去比世纪老宅的立面更为现代和整洁。但是 20 年后，前者的室内环境却似乎比后者还要苍老和破败。

抬头望向飘窗——向外突出三英尺，是伊斯坦布尔传统建筑的特色——我会凝视一个花盆，或发现窗户另一面的小孩也在凝视我。然后，我会不禁开始琢磨这幢房子是建在一块约 850 平方英尺（79 平方米）的基地上，想象它的使用面积是否符合我的需要，等等。我并不是在寻找一个可以安家的房子，而是在调研伊斯坦布尔最老的城市街区。那些可以追溯到两千年以前的街道，比如加拉塔（Galata）、贝伊奥卢（Beyoğlu）和吉汉吉尔（Cihangir），希腊人和亚美尼亚人都在那里居住过，在他们之前还有热那亚人。其实，我是为了一本书和一间博物馆在寻找一幢房子。

有一次，因为看见我好奇地站在街上凝视着对面的房子，身后杂货铺的店主走了出来，向我介绍了那幢房子的情况、房龄和主人。我可以听得出来，他一定是房子代理人。

我有点焦虑地问道：“我可以进去房子里看看吗？”我希望先征求房子里住户的同意再进去看房子。

“去啊！你现在就可以直接去。没什么可担心的，兄弟。”杂货铺店主连声回答。于是，我去看了。尽管当时是在炎夏，那个房子的门厅却让人感觉凉爽而宽敞（现在已经不做这种净空高的门厅了，即使是最高档的小区）。进屋不一会儿，屋外孩子的哭声和对面塑料与机械修理店的嘈杂声便消失了。走了几步，我便想起这里的房子过去是以一种完全不同的生活概念而建造的。我上到二楼，再上到三楼，在身后杂货铺店主的鼓励下，我把房子里能看的都看了一遍。我发现，这栋楼里住的不都是一家人。但是他们是从同一个村子来的，房门都没有上锁。在房子里走了一圈，我的眼睛像摄像机一般，记录下看到的一切。

在通往门厅的一间公寓外，我看到有个女人在靠墙的一张旧床上打瞌睡。还没等她来得及看，我已经走到隔壁房间。房里有四个五到八岁的孩子，一起窝在沙发上看电视。他们打着赤脚，小腿歇在沙发榻侧面，脚趾随着正在看的历险记的音乐节拍打着鼓点。没有人注意到我。

这幢房子很拥挤，但很安静。我踱步到下一个房间，屋里的女人询问道：“你是谁？”她是一位皱着眉头的母亲，手中正拿着一只很大的茶壶。她的样子让我想起从前，我需要不时向人介绍自己的名字、军衔和部队编号。杂货铺店主随后在一旁解释着。我注意到，女人所在的这个房间，不是一个标准的厨房。只有通过先前一个穿短裤的老先生坐着的房间，才能到达这个窄小的厨房空间。我意识到房子现在的布局和原始平面有明显出入。于是，我试想着这层楼原来的平面布局。我想象出了那个老先生的房间完整时的样子。房间现在的墙面，和我在其他地方（除了杂货铺）看到的一样，涂料和石膏片片剥落，挂满尴尬。

在邻里的闲谈和杂货铺店主的殷勤帮助下，我在接下来的一个月里，探访了这个地区内的几百户公寓。杂货铺店主从一个中间人，变成一个名副其实的地产中介。有一条街主要住着来自通杰利（Tunceli）的库尔德人。当我走过加拉塔的吉卜赛人社区时，那里的女人和孩子们坐在门阶上观望着。还有一条小巷，无所事事的老妇人们会从她们的窗口朝下嚷嚷："为什么他不来看看我的房子？"我在这里看到塌了一半的厨房、一分两半的客厅和饱经磨损的楼梯踏步，有些房间地毯下掩藏着破损的木地板。我还看到库房、机械修理店和餐厅，以及由线脚分明的旧高档住宅改造成的吊灯商店。有一些房子因没有主人而变得腐朽。这些主人要么移民了，要么经济窘困。房间里挤满了小孩，好像橱柜里琳琅满目的陈设一般。底楼地面冰冷，潮湿的墙壁可以闻到发霉的气味。地下室里收纳着从树下、从垃圾箱、从城市后街捡来的木材，废铜烂铁，还有各种乱七八糟的东西。我还注意到，有些楼梯的踏步高低不齐，有些屋顶在漏水，有些房子里的电梯和灯都坏了。我在房子里拾级而上，戴着头巾的女人从门缝里看出来，而我也看到她们和她们床上躺着的人。我还看见，阳台上晒着衣服，墙壁上写着"不要乱扔垃圾！"，院子里有孩子在嬉戏，卧室里总是摆着同样的大衣柜。

如果我不是看了这么多的住宅，我不会清楚地认识到，人们在他们的住所里做的两件最基本的事情：一是躺在任何椅子、榻子、沙发、有靠垫的长椅或床上拉伸身体；二是长时间看电视。在大多数情况下，他们会同时做这两件事，且伴随着抽烟和喝茶。城市里地价差不多的住宅，留给楼梯间的面积太大了，我看过的房子无一不是这样设计的。一些住宅面宽只有 15 ~ 20 英尺（4.6 ~ 6.1 米），进深很浅，在看到了这些房子中楼梯间所占面积后，我试图忘记立面、建筑和街道，在脑海中呈现一幅成百上千楼梯间和楼梯的画面。于是，我看到等级分明的伊斯坦布尔地产，好像一片布满神秘楼梯的森林。

探访接近尾声时，最让我感到惊叹的是看到这些房子的使用状况与建造者的初衷相差甚远。尽管有着精致的立面，这些房子不过是窄小而卑微的居所，是一百多年前亚美尼亚建筑师和承包商为这个城市的希腊人和黎凡特人而设计的。我在这么多年的建筑学习中了解到，建筑形态是建筑师的梦想，亦是消费者的梦想。那些希腊人、亚美尼亚人和黎凡特人，为自己的梦想创造了这些建筑，但是他们在20世纪早期被迫离开了这片土地。现在这些建筑投射的，是后来居住者的想象。这种想象并不是积极的想象，因为这样的房子和街道并没有美化城市或创建城市品牌；而是消极的想象，因为异乡人为了适应这些已经有自己面貌的房子和街道而调整自己的梦想。

这种“想象”好比一个在午夜漆黑房间里看着墙上斜影入睡的孩子的“想象”。如果孩子充满恐惧地躺在一个陌生房间里，他会尽量依靠想象熟悉的事物去接受环境而入睡；如果孩子躺在一个熟悉且有安全感的房间里，他就敢于将影子当作传说中的可怕生物而带入梦境。这两种情况中，孩子都为了适应自己所在的空间，通过记忆碎片和想象去构建一个梦想的空间。因此，这里的“想象”，不是在一张白纸上生成的，而是为了适应现实环境而建立的。伊斯坦布尔20世纪的移民潮、城市街区的工业转型、土耳其资产阶级的兴起和对西方化梦想的追逐，使得一些人放弃了他们原来的家园。后来来到伊斯坦布尔的移民住进前人所创造的住宅里。伊斯坦布尔的每一个角落都投射着上面提到的第二种适应性“想象”。后来的移民，有的在大房间中隔出小间；有的把楼梯间和飘窗改成了厨房；有的把门厅改成储藏室或等候室；有的把床和衣柜放在最意外的空间中，从而使其充当居室；有的拆窗换门或改门换窗；有的为了安装炉灶，在墙壁和顶棚布满管线：他们用尽所有这些方式去改造出一个“家”。而一个世纪前的建筑师在构思这些房子时所做的计划中，完全没有包含这些人。

在这里我想说下白纸，这其实并不是偶然。我曾在伊斯坦布尔理工大学学了 3 年建筑，但是我没有毕业，也没有成为一名建筑师。现在想来，那大概要归因于我当时在“白纸”上记录的那些浮华的现代派梦想。当时我真的不想做一名建筑师，或是画家，尽管我曾梦想了很多年。我抛弃了那些空洞的建筑图纸，因为它们让我感到恐惧和头痛。取而代之的是，我坐下来凝视空白的稿纸，尽管它们同样让我感到恐惧。这一坐就是 25 年。当我在写作的时候，我感到自己处于一种开始的状态，我相信世界将会变成我所梦想的样子，就像我做建筑系学生时梦想的建筑一样。

这 25 年，我一直在试图回答一个我反复询问自己的问题：为什么我没成为一名建筑师？我曾经以为自己用来倾注梦想的那些纸是空白的。但是，经过 25 年的写作后，我发现那一张张稿纸其实从来不是空白的。当我坐在桌前的时候，我很清楚地知道传统就在我身边，而那些抵制规则和历史的人也未曾远离。和我坐在一起的是从巧合、无序、黑暗、恐惧、污秽中生出的事物，是过往及其幽灵，还有官僚体制和我们的语言想要遗忘的事物；和我坐在一起的是畏惧和从畏惧中生出的梦想。为了把这些付诸笔端，我不得不写关于旧时代的小说。我要写下那些西方化的人和现代化的共和国想要忘记的一切，而这一切同时包含了未来和想象。如果我二十岁的时候对建筑也能有这样的认知，那么我大概已经成为一名建筑师。但是那个时候，我是个坚定的现代主义者，我想要逃避负担和污垢，还有那鬼缠身似的历史黄昏，而且我还是一个乐观的西方化的人，我认为一切都会像我所想象的一样去发生。我所居住的城市的人们，不遵从综合社区的秩序和历史。我的梦想中没有他们，我认为他们是某种障碍，会阻挠我实现梦想。我可以判断，那些我想要在街道里实现的建筑，是不会被他们允许的。但是，如果我把自己关在房间里写出我的想象，他们就不会反对了。

我的第一本书花了 8 年时间。在那个过程中，特别是每当我觉得出版无望的时候，我曾反复地做着一个梦：我是建筑系的一名学生，正在建筑设计课堂上做着规划和设计，离交图期限不远。我聚精会神地坐在桌前工作着。画了一半的草图和纸卷围绕在我四周，纸上的墨迹好像盛开的花朵。随着我越来越进入状态，许多更好的新想法不断涌现。但是交图期限越来越近，我很清楚自己已经没有机会再去实现那些新想法，而只可能完成图纸上已经实现一半的创作。因为无法按时完成自己的想法，我感到非常自责。这种感受，让我越陷越深，被内疚折磨着内心，最终惊醒了自己。

第一个激发我梦想的，就是成为作家的畏惧。如果当时我成了一名建筑师，那么至少我会有个中产阶级的生活。然而，当我隐晦地向家人提起我想当作家和写小说的想法时，家人告诉我，如果那样做，我会很快就开始面对长期的经济困扰。面对这种内疚和快要没有时间的畏惧，成为作家的梦想，是安抚痛苦的方式。因为，在学习建筑的时候，我过的还属于一种“正常”的生活。然而，当我可以没有时间限制地写小说，我选择了艰苦地工作、与时间抗争和努力地“做梦”。这些事，都铸就了我后来的生活。

过去，别人问我为什么没成为一名建筑师，我会以不同的方式给出同样的回答：“因为我不想设计公寓。”我说的“公寓”，是指一种生活方式和一种建筑方式。从 20 世纪 30 年代开始，因为权贵们拆掉了他们二至三层的楼房和宽敞的花园，然后盖新的公寓，所以伊斯坦布尔古老的社区瓦解无存。不到 60 年时间，古老街区的城市肌理已经面目全非。50 年代我开始上学的时候，我们那儿的每个孩子都是住的公寓。起初，建筑立面混合了包豪斯现代主义风格和传统土耳其飘窗，后来，建筑变成毫无灵感的国际主义风格的复制。由于继承法而在一些狭小基地上建起的公寓，室内的布局都是一样的。有些公寓的楼梯间和通风井是“幽暗”的，有些是“明亮”的。这些公寓的前面，常常是起居室，后面可能有两到三个卧室，因建筑师的设计技巧而异。一条狭长的走廊，连接着前厅和后面的几间房。这些，再加上那些看向“明亮”通风井的窗户和楼梯间的窗户，让这些公寓相似得可怕。它们闻上去，都有些霉味、油烟味、鸟屎味和欲望。在我学习建筑的几年里，最让我觉得可怕的事情，就是在这些狭小的地块上设计廉价且符合时下建筑法规和半西化中产阶级品味的公寓。那个时候，我的亲戚和熟人们常抱怨那些不诚信的建筑师。他们说如果我做了建筑师，他们会保证让我在他们父母拥有的空地块儿上，建造我自己的公寓。

由于没有成为建筑师，我逃脱了那种命运。我成为一名作家，写了很多的公寓。从这些我写过的作品中，我明白了一件事：建筑能否成为家园，取决于居住者的梦想。这个梦想和其他的梦想一样，会从房子中老旧、黯

伊斯坦布尔独特的天际线，李由摄影

淡、脏乱和无序的角落获得滋养。就像我们看到的，有些建筑会随着岁月而更加美丽，有些室内墙壁会越来越有肌理。我们还会看到建筑变成家园的轨迹，即一个梦想的建造过程。我以这样的方式去理解之前提到的隔断的房间、穿孔的墙壁和破损的楼梯间。第一批住进这些新建筑（在现代化和西方化的热情中被建构，仿佛一切从头开始般被建造）的主人，用他们的梦想把建筑变成了家园。建筑师无法追寻这些梦想的轨迹或证据。

当我走在夺走 3 万人生命的地震后的废墟上时，这种想象再一次强烈地浮现出来。那些碎片——墙壁、砖、混凝土、破烂的窗户、拖鞋、灯座、窗帘、地毯……我感到，每一个庇护所，无论新旧，都是由主人的想象转变成一个家园。就像陀思妥耶夫斯基[1]笔下的主人公们，他们即使在最无望的情况下，也坚持着对生活的想象。而我们也知道如何把建筑变成家园，即使是在生活最艰辛的时候。

然而，家园被地震摧毁的痛苦经历也提醒了我们，家园也是建筑。在那场 3 万人不幸遇难的地震中，我的父亲幸存了下来。他告诉我他如何逃出我们家的公寓，在伸手不见五指的街道中逃去 200 码（183 米）以外的另一个公寓楼避难。当我问他为什么要这样做时，他回答道："因为那个房子是安全的，是我亲手造的。"他指的是我度过童年的那个公寓，那个与我的祖母、我的叔叔们和姑姑们一起住过的公寓，也是我在很多小说里无数次提起的公寓。在我看来，可能当时父亲选择去那里避难，不是因为那座建筑是安全的，而是因为那里是家园。

1 Fyodor Dostoyevsky（1821—1881），俄罗斯小说家、作家和哲学家。他被誉为文学世界中的心理学家。——译者注

关于作者

尼古拉斯·亚当斯（Nicholas Adams），纽约州波基普西（Poughkeepsie）瓦萨学院（Vassar College）建筑历史教授。他是意大利杂志 *Casabella* 的编委会成员和《1936 年以来 SOM 作品集》（*Skidmore, Owings & Merrill: SOM since 1936*，2007，伦敦 Phaidon 出版）的作者。同时，他也是《建筑历史学家协会期刊》（*Journal of the Society of Architectural Historians*）的编辑，其文章和评论曾发表在《建筑实录》（*Architectural Record*）、《哈佛设计杂志》（*Harvard Design Magazine*）和瑞典《建筑师》（*Arkitektur*）杂志。亚当斯是罗马美国学院（American Academy in Rome）和普林斯顿高等研究院（Institute for Advanced Study, Princeton）的成员，并在哈佛大学、哥伦比亚大学和加州大学洛杉矶分校各建筑学院授课。

米卡埃尔·贝里奎斯特（Mikael Bergquist），生于 1961 年，瑞典注册建筑师。1990 年毕业于瑞典皇家理工学院和丹麦皇家美术学院。他的事务所成立于 1996 年。2004 年获东哥得兰岛建筑设计大奖。1996—2002 年，任《瑞典建筑评论》（*The Swedish Review of Architecture*）自由编辑。他策划了若干展览，并出版了一些图书，其中包括《偶然主义：约瑟夫·弗兰克》（*Accidentism: Josef Frank*，2005，Birkhäuser 出版）。

彼得·布伦德尔·琼斯（Peter Blundell Jones，1949—2016），建筑师。1994 年起任英国谢菲尔德大学教授。他的大部分职业生涯都在参与评论和执教，并十分强调建筑历史和理论。作为记者和评论家，他与《建筑评论》（*The Architectural Review*）多年来默契合作。他的著作包括：《汉斯·夏隆》（*Hans Scharoun*，修订版，1995，伦敦 Phaidon 出版）、《及时对话：奥地利格拉茨学派的故事》（*Dialogues in Time: the story of the Austrian Grazer Schule*，1998，格拉茨 Haus der Architektur 出版）、《雨果·哈林：有机性与几何性》（*Hugo Häring: the Organic versus the Geometric*，1999，Menges 出版）、《京特·贝尼施》（*Günter Behnisch*，2000，Birkhäuser 出版）、《古纳尔·阿斯普朗德》（*Gunnar Asplund*，2006，Phaidon 出版）、《现代建筑案例研究 1945—1990》（*Modern Architecture through Case Studies 1945–1990*，第二卷，2007，Architectural Press 出版），以及《彼得·许布纳：建筑作为社会进程》（*Peter Hübner: Building as a Social Process*，2007，Menges 出版）。

玛丽－安热·布拉耶尔（Marie-Ange Brayer），1996 年起任法国奥尔良市当代艺术收藏中心（FRAC, Centre）的总监。该中心的主要收藏方向是艺术与建筑研究的联系。基于中心的收藏，她在法国国内外主持过多次展览和论坛。2002 年，布拉耶尔和贝亚特丽斯·西莫诺特（Béatrice Simonot）是第八届威尼斯建筑双年展的法国馆策展人。她的博士研究关注自文艺复兴以来建筑模型的合法状态。

尤纳斯·艾德布拉德（Jonas Edblad），1962 年生于哥德堡，瑞典注册建筑师。自 1991 年毕业于查尔姆斯理工大学（Chalmers University of Technology）后，一直就职于文果尔德建筑事务所（Wingårdh Arkitektkontor AB）。其主持项目获 2001 年和 2006 年顶级瑞典建筑大奖（Kasper Salin prize）。

马西米利亚诺·福克萨斯（Massimiliano Fuksas），1944 年生于罗马，毕业于罗马大学（La Sapienza University）。他分别于 1967 年在罗马、1989 年在巴黎、1993 年在维也纳成立事务所，并从 2002 年起在法兰克福设立了工作室。1998—2000 年，他出任主题为“轻审美，重伦理”的第七届威尼斯建筑双年展总监。福克萨斯也是多所大学的访问教授，周刊杂志 L' Espresso 的专栏作家。他与妻子多里安娜·曼德雷利（Doriana O. Mandrelli），自 1985 年以来，一直共同工作至今。

艾丽萨·福克萨斯（Elisa Fuksas），生于 1981 年。2005 年毕业于罗马第三大学（Università di Roma 3）建筑系，之后主要从事写作、导演和电影剪辑。她是意大利文化杂志 *Panorama* 的供稿人和 L' Espresso 的代笔作家。

卡特琳娜·加布里埃尔松（Catharina Gabrielsson），瑞典建筑师、博士。她主持过多个关于建筑、艺术和城市规划的系列讲座、研讨会、论坛和展览，担任过瑞典政府建筑、形态和设计委员会的主席（2004—2005 年）。她也是《现代建筑杂志》（*MAMA*）的理事和编辑，斯德哥尔摩艺术与建筑中心（Färgfabriken）的创始成员之一。她代表瑞典国家公共艺术委员会，负责执行了多项公共艺术项目。

英格丽德·赫尔辛·阿尔莫斯（Ingerid Helsing Almaas），1965 年生于奥斯陆。她在伦敦建筑联盟接受教育，之后在那里任教数年。作为建筑师，她主要在伦敦和奥斯陆工作。她也在斯堪的那维亚国家和其他国家授课和讲演，并为多家国际出版物担任自由作家和评论家。她曾任挪威建筑评论杂志 *Arkitektur N* 的主编。

汉斯·伊贝林斯（Hans Ibelings），1963 年生于鹿特丹，建筑史学家。他曾受聘于鹿特丹荷兰建筑研究院，在洛桑联邦理工学院（EPFL）任教，出版书籍若干，代表作品有《超级现代主义：全球化时代下的建筑》

（*Supermodernism: Architecture in the Age of Globalization*）。他与平面设计师阿尔扬·赫罗特（Arjan Groot）一起创办了双月刊杂志《A10 新欧洲建筑》（*A10 new European architecture*），并出任杂志主编。

法尔克·耶格（Falk Jaeger），生于 1950 年，在大学学习建筑和艺术史。1983—1988 年，他受聘于柏林工业大学建筑历史研究院（Institute of History of Architecture at the Berlin University of Technology）；1993—2000 年，任德累斯顿工业大学（Dresden University of Technology）建筑理论的教授；2001—2002 年，任德国建筑杂志 *Bauzeitung* 的主编。目前，他居住于柏林，以自由评论家、编辑和策展人身份，为主流报纸、建筑杂志、电台和电视台的建筑理论和历史栏目工作。

维多里奥·马尼亚戈·兰普尼亚尼（Vittorio Magnago Lampugnani），1951 年生于罗马，建筑师、教授。早年在罗马和斯图加特攻读建筑，1977 年获得博士学位。他是哈佛大学、法兰克福大学的建筑系教授。自 1994 年起，他在苏黎世联邦理工学院（ETH）任城市设计历史的教授。他在米兰的事务所 Studio di architettura 的主要作品包括：德国柏林 Block 109 办公楼、德国英戈尔施塔特市（Ingolstadt）奥迪工厂的入口广场、瑞士巴塞尔圣约翰诺华园区（Novartis Campus）的城市设计与规划、意大利那不勒斯 Mergellina 地铁站、德国雷根斯堡市（Regensburg）多瑙河河岸更新。他还发表了大量建筑学术成果，并参加多个展览。

玛丽亚·兰茨（Maria Lantz），生于 1962 年，摄影师，受训于纽约国际摄影中心和哥德堡大学。自 1999 年起，执教于瑞典皇家美术学院的艺术与建筑专业。她是当代摄影杂志 *Motiv* 的编辑，也是活跃的艺术家，主要关注场所、建筑、叙事与记忆。

约翰·林顿（Johan Linton），建筑师、土木工程师，建筑理论和历史方向博士。他的设计事务所作品广受民众青睐。他也是《心理分析杂志》（*Psykoanalytisk Tid/Skrift*）编委会成员。

尼尔斯－奥雷·隆德（Nils-Ole Lund，1930—2021），丹麦建筑师、作家。1953 年任挪威特隆赫姆大学（University of Trondheim）建筑学助理教授；1963 年任丹麦奥胡斯新建筑学院教授，并于 1972—1985 年出任该学院院长；1991—1995 年，任欧洲建筑学校联盟（EAAI）主席。代表作品有《北欧建筑》（*Nordisk arkitektur*，1991）和《建筑理论教育》（*Teoriutdannelser i arkitekturen*，1970）。

弗莱德里克·尼尔森（Fredrik Nilsson），瑞典注册建筑师、博士、研究员和评论家。他任职于查尔姆斯理工大学建筑学院和怀特建筑事务所（White Arkitekter）。他广泛地参与教学和讲演，专注于当代建筑、建筑理论和哲学方向的写作，其研究兴趣在于概念、理论和设计实践之间的互动。他主笔和主编了若干书籍，发表大量文章、建筑评论和书评。

汉斯·乌尔里希·奥布里斯特（小汉斯，Hans Ulrich Obrist），1968 年生于苏黎世。他于 2006 年 4 月加入伦敦蛇形画廊（Serpentine Gallery），出任展览项目的联合总监和国际项目经理。此前他自 2000 年起任巴黎现代艺术博物馆（Musée d' Art Moderne de la Ville de Paris）策展人；1993—2000 年任维也纳当代艺术博物馆（museum in progress）策展人。1991—2007 年策展 150 余场，包括："去做吧"（Do it）、"带上我"（Take Me）、"我是你的"（I' m Yours）、"城市进行时"（Cities on the Move）、"生"（Live/Life）、"白夜艺术"（Nuit Blanche）、第一届柏林双年展、"1 号宣言"（Manifesta 1）、"美利坚不确定国"（Uncertain

States of America）、第一届莫斯科双年展和第二届广州双年展。

尤哈尼·帕拉斯马（Juhani Pallasmaa），生于1936年，芬兰注册建筑师、美国建筑师协会荣誉会员、教授。他从20世纪60年代起开始建筑实践，1983年创立其名下建筑师事务所（Pallasmaa Architects）。帕拉斯马活跃于城市规划、建筑展览、产品和平面设计领域，广泛任教于欧洲、北美、南美、非洲和亚洲。他著有19本书并发表大量文章，涉及建筑与艺术哲学，跨越30种语言。帕拉斯马于1991—1997年，任赫尔辛基理工大学（Helsinki University of Technology）教授和建筑学院院长；1978—1983年，任芬兰建筑博物馆馆长；1970—1971年，任工业艺术研究院院长。他也是美国多所大学的访问教授。

亨利耶塔·帕玛（Henrietta Palmer），瑞典注册建筑师，早年在瑞典皇家理工学院和巴塞罗那城市实验室学习。她是瑞典皇家美术学院的教授，负责运行跨学科研究生教育项目"资源"（resources），从可持续发展的角度研究建筑与城市规划。2001年，她参与策划了在斯德哥尔摩举行的"艺术+建筑/纪念+宣传"（Art+Architecture, Monument+Propaganda）大会。她也是欧洲建筑论坛（Europan 9）的作家、评论家和评审团成员。

奥尔罕·帕慕克（Orhan Pamuk），1952年生于伊斯坦布尔，土耳其作家。早年在伊斯坦布尔理工大学学习了三年建筑学，后辍学，成为全职作家。他著有关于土耳其东西世界双重身份特征的书若干，这与他的中产阶级家庭背景息息相关。他的作品被翻译成30多种语言，全球发行。帕慕克荣膺多项文学奖项，其中包括最高荣誉的诺贝尔文学奖（2006年）。文章《为什么我没有成为建筑师》（"Why Didn't I Become an Architect"）曾发表于文集《其他颜色》（*The Other Colours*）。

约瑟夫·里克沃特（Joseph Rykwert），生于华沙，1939年移民英国，美国宾夕法尼亚大学保罗·克瑞（Paul Philippe Cret）建筑荣誉教授。他在英国巴特莱特建筑学院（Bartlett School of Architecture）和建筑联盟学院学习后，在哈默史密斯工艺美术学院（Hammersmith School of Arts & Crafts）和乌尔姆造型学院（Hochschule für Gestaltung, Ulm）任教，后在英国皇家艺术学院（Royal College of Art in London）任图书管理员和教师。1967年，里克沃特在新成立不久的埃塞克斯大学（University of Essex）出任艺术专业教授。一直到1981年，他先成为剑桥大学斯莱德艺术教授（Slade Professor in the Fine Arts），后为建筑学教授（Reader in Architecture）。里克沃特的主要作品有：金屋（*The Golden House*，1947）、《城镇理念》（*The Idea of a Town*，1963）、《亚当的天堂之屋》（*On Adam's House in Paradise*，1972）、《首批现代》（The First Moderns，1980）、《技艺的必要性》（*The Necessity of Artifice*，1982）、《亚当兄弟》（*The Brothers Adam*，1984）、《阿尔伯蒂建筑十书新译》（*On the Art of Building in Ten Books*，1989）、《舞动的柱子》（*The Dancing Column*，1996）和《场所的诱惑》（*The Seduction of Place*，2000）。

海梅·萨拉萨尔·吕克奥尔（Jaime Salazar Rückauer），1964年生于毕尔巴鄂。早年在巴塞罗那加泰罗尼亚理工大学（Universitat Politecnica de Catalunya）学习建筑。1991—1999年，他在加泰罗尼亚建筑协会会刊*Quaderns*担任编辑，与主编曼努埃尔·高萨（Manuel Gausa）共事；1996—2002年，在Actar出版社巴塞罗那分部任建筑编辑，出版物包括《单身家庭住宅：私有领域》（*Single Family Housing: The Private Domain*，1999）、《MVRDV的VPRO办公楼设计》（*MVRDV at VPRO*，1998）和杂志书《动词》（*Verb*，2000）。自2002年，他搬到德国波鸿（Bochum）生活和工作。

伊雷内·斯卡尔贝（Irénée Scalbert），伦敦建筑评论家。他在许多欧洲杂志上针对各种历史和当代问题发表文章，著有《异同的权利：让·勒诺迪的建筑》（*A Right to Difference: The Architecture of Jean Renaudie*，2004）。在英国伦敦建筑联盟学院执教多年，是《建筑联盟学院文献》（*AA Files*）的编委会成员。2006—2007年，任哈佛大学设计学院访问设计评论家。

罗伯特·舍费尔（Robert Schäfer），生于1954年。早年在柏林学习景观规划与设计，在斯图加特－霍恩海姆学习新闻。1984年，他加入了建筑景观领军杂志《花园与景观》（*Garten+Landschaft*），1992年创办《地形：欧洲景观杂志》（*Topos, European Landscape Magazine*）。经过改版，《地形》于2005年全球发行，并更换了副标题“国际景观与城市设计评论”（The International Review of Landscape Architecture and Urban Design）。

丹尼丝·斯科特·布朗（Denise Scott Brown），建筑师、规划师、城市设计师、理论家、作家和教育家。她主张扩展建筑学的定义，包括多元文化、社会思考、行动主义、波普艺术、大众文化、日常景观、象征主义、图标（iconography）和语境等。她在费城的文丘里与斯科特·布朗事务所任主持建筑师，主管事务所的规划和城市设计业务，代表作有达特茅斯学院（Dartmouth College）、宾夕法尼亚大学和密歇根大学的校园综合体规划。

艾克赛尔·苏瓦（Axel Sowa），1966年生于德国埃森。早年在柏林和巴黎学习建筑。曾在巴黎布鲁诺·罗莱（Bruno Rollet）事务所工作。1995年获德国科隆卡尔·杜伊斯贝格协会（Carl Duisberg Gesellschaft）奖学金支持，有机会去日本京都学习和实践建筑。他在1998年为法国《今日建筑》（*L'Architecture d'Aujourd'hui*）杂志长期工作之前，在各类杂志上发表过大量文章。自2000年，苏瓦任《今日建筑》主编。另外，苏瓦还在德国萨尔布吕肯应用技术大学（Universityof Applied Sciences）教授建筑历史与理论。

斯维克·索林（Sverker Sörlin），瑞典皇家理工学院科学与技术历史系环境历史教授，美国加州大学伯克利分校访问教授（1993）、剑桥大学访问教授（2004—2005）和奥斯陆大学访问教授（2006）。索林在多种期刊上发表关于自然概念和景观历史的文章，包括《环境历史》(*Environmental History*）、《世界观》（*Worldviews*）、《指南》（Kursbuch）和《第11届卡塞尔文献展目录》。他为《科学历史词典》（*Dictionary of the History of Science*，2000，伦敦）撰写词条“自然”。他的关于思想史中自然的著作《自然合约》（*Naturkontraktet*，1991，瑞典语）提名奥古斯特文学奖。

卡斯滕·陶（Carsten Thau，1947—2021），丹麦皇家美术学院建筑系建筑理论与历史教授，此前为奥胡斯大学建筑学院副教授、哥本哈根大学比较文学和现代文化学院文化研究副教授。他早年在法兰克福大学学习。1980—1990年，担任《丹麦每日信息》（*Danish Daily Information*）评论员。其发表文章和书籍涉及建筑、设计、城市研究和电影。他与凯尔·温杜姆（Kjeld Vindum）一起撰写了关于丹麦建筑师和设计师阿尔内·雅各布森（Arne Jacobsen）的书，其独立著作《建筑哲学》（*Filosofi og Arkitektur*，2006，哥本哈根）也广为人知。

马克·特雷布（Marc Treib），加州大学伯克利分校荣誉教授，设计师，活跃的建筑、景观和设计期刊撰稿人。他是福布莱特计划奖学金、古根海姆奖学金、日本基金会奖学金和罗马美国学院高等研究奖学金的获得者。其作品有由 William Stout Publishers 出版的《巴黎野口：世界文化遗产公园》（*Noguchi in Paris: The Unesco Garden*，2003）、《景观建筑师托马斯·丘奇：现代加州景观设计》（*Thomas Church, Landscape Architect: Designing a Modern California Landscape*, 2004）、《唐纳花园和埃克博花园：现代加州大师杰作》（*The Donnell and Eckbo Gardens: Modern Californian Masterworks*, 2005），以及由Routledge出版的《装置与迷途：景观建筑随笔》（*Settings and Stray Paths: Writings on Landscape Architecture*，2005）。

王惠平（Wilfried Wang），得克萨斯大学奥斯汀分校奥尼尔·福特建筑百年教授（O' Neil Ford Centennial Professor in Architecture），柏林Hoidn Wang Partner设计事务所的创始人。早年在伦敦学习建筑，曾是《9H》杂志的联合编辑和9H画廊的联合总监。1995—2000年，任德国建筑博物馆馆长。王惠平著有大量关于20世纪建筑的专著和图志。他是Erich-Schelling Foundation建筑基金会的主席，德国建筑师联合会（BDA）和瑞典皇家美术学会（Royal Academy of Fine Arts）的荣誉会员。

简妮特·沃德（Janet Ward），内华达大学拉斯维加斯分校历史副教授。她是一名跨学科综合学者，研究范围包括德国研究、比较城市研究、欧洲文化历史、现代主义、视觉文化、记忆研究、建筑理论，以及20世纪（特别是魏玛和纳粹时代）的德国。她的主要作品有《魏玛表皮：20世纪20年代德国城市视觉文化》（*Weimar Surfaces: Urban Visual Culture in 1920s Germany*，2001，加州大学出版社）、《后大屠杀时代的德国研究：记忆、身份和伦理的政治》（*German Studies in the Post-Holocaust Age: The Politics of Memory, Identity, and Ethnicity*, 2000，科罗拉多大学出版社）和《运动比赛学：创造性比赛的舞台》（*Agonistics: Arenas of Creative Contest*，1997，纽约州立大学出版社）。

关于编者

伊尔特·文果尔德（Gert Wingårdh），生于1951年，瑞典建筑师、查尔姆斯理工大学建筑艺术教授。先后学习了艺术史、艺术理论和建筑。自1975年毕业后，文果尔德便开始了自己的建筑实践，其名下建筑事务所事业发展稳定。如今，他创立的文果尔德建筑事务所已是瑞典最大规模的以建筑师个人命名的建筑师事务所。该事务所约有120名员工，其项目跨越瑞典国内外市场。文果尔德建筑事务所的作品因其高度艺术性而广受好评。在从事建筑实践的同时，文果尔德本人还积极参加有关建筑话题的公共讨论和建筑教育。

拉斯姆斯·瓦尔恩（Rasmus Wærn），生于1961年，建筑师、博士。任职于瑞典皇家理工学院，并与文果尔德建筑事务所合作密切。他撰写和参与编写了很多有关瑞典建筑的文章和书籍，如《瑞典建筑指南》（*Guide to the Architecture of Sweden*，2001，Arkitektur Förlag出版）、《建筑师伊尔特·文果尔德》（*Gert Wingårdh, Architect*，2001，Birkhäuser Verlag出版）。他曾在德国建筑博物馆策划展览“20世纪的建筑：瑞典”（Architektur im 20. Jahrhundert: Schweden）。1996—2004年，瓦尔恩是《瑞典建筑评论》的编辑。他也是瑞典阿尔瓦·阿尔托协会的主席。

译后记

从读者到译者，创建理解当代建筑语境的辞典

在瑞典工作这些年来，我发现这里的建筑师和从业者特别注重工作与生活之间的平衡。需要熬夜的时候在所不惜，该放假的时候理所当然。北欧夏天的办公室状态最能体现这样的价值观和生活方式。理解对平衡的崇尚，对一个中国人在异国他乡胜任工作很重要，以免陷入盲目工作而无法得到价值认同。然而，要在异国攀登事业生涯的重重峰峦，还得积极地去反思自己的职业属性、技能需求和知识盲区。因为建筑与政治和文化紧密相连，所以理解瑞典和西方社会和文化是一种职业必要。我把这个体会与当时的一位智利籍同事分享，她决然点头赞成，并立即与我分享了自己正在阅读的一本书 *Crucial Words: Conditions for Contemporary Architecture*。

我还记得首次借阅时，那种耳目一新的感受。这是一本采编文集，由 31 篇来自各国知名建筑师、工程师、评论家、建筑学教授、历史学家、小说家、环境学家、策展人、杂志主编等的文章组成。因为每篇文章可以独立阅读，且配有引人思考的艺术选图，所以我可以随意挑选感兴趣的关键词文章跳跃式阅读。很快我便把整本书浏览了一遍，那 31 个关键词开始在脑海里形成一个体系。这些关键词看上去都很平凡，甚至通俗。这使我对它们在建筑语境中的意义和它们彼此间的关系更加好奇，于是不觉开始精读全书。我意识到编者用一种最熟悉的英文字母表的逻辑，串联了一套建筑的关键词，让不同的“声音”汇合去讲述当代建筑的故事集。我对这种“易消化”的建筑文献的呈现方式感到心悦，于是与国内的建筑学者们分享了我的阅读体验。在建筑评论家李翔宁教授的推荐下，有幸接触到同济大学出版社江岱老师。出版社有意向引进本书译成中文出版。

我把这个消息转告给当时和自己在同一座写字楼办公的 *Crucial Words*

的编者伊尔特·文果尔德（Gert Wingårdh）和拉斯姆斯·瓦尔恩（Rasmus Wærn），他们欣然支持并感到放心。为配合中文版的出版，拉斯姆斯先生还特别帮忙请部分原文作者更新他们的文章，并协调了部分原书图片的使用权分享。原书编者的尽心和同济社编辑们的尽力，是我坚持用业余时间翻译完这本书的动力。

从读者到图书推荐人，再到译者，是种从轻松到折腾再到幸福的经历。从某种角度来说，建筑师本身从事的就是“翻译”工作——把社会民生和客户需求翻译成具象的建筑语言。然而，翻译建筑文字，跨越的不仅是语言本身，还有对个性化语言表达和语言对应文化语境的理解。在翻译这本合集的过程中，我总结了几点原则和体验，与大家分享：

一是统一语言风格，追求简练。原书 31 篇文章虽是英文写作，但文章作者中很多人的母语并不是英文，所以即使都是英文写作，表达方式和文字风格也不尽相同。作为中文译者，我没有尝试去追求在翻译中体现文字个性风格，而是选择使用统一的日常语言，以保证文集的整体感。

二是尊重原文的表达方式，必要时采用文化对照的翻译方式。比如说在“景观”一文中，作者提到勒·柯布西耶希望从各个方向都能看到“阿卡迪亚”（Arcadia）。对于西方读者来说，基于生活经验应该容易理解 Arcadia 的含义、形态特征和文化内涵，但对于中文读者来说可能会有挑战。我根据 Arcadia（取于希腊语）所反映的乌托邦意象，以“世外桃源”作为 Arcadia 在中文语境中对照的翻译，以辅助读者理解。

三是补充必要注释，以方便感兴趣的读者扩展阅读。我对文集的许多文章中出现的人名、地名或文化事件做了注释，帮助读者理解文章内容，并为进一步查找相关资料提供便利。

借此记，我想衷心感谢所有在这本书翻译过程中，参与讨论、给予指导、分享知识的建筑界内外的朋友、专家和学者和所有参与出版流程的工作人员。

荆晶

2017 年 8 月于斯德哥尔摩